整理有道

重新定义生活美学

U0157285

常 莉◎著

中华工商联合出版社

图书在版编目（CIP）数据

整理有道：重新定义生活美学 / 常莉著． -- 北京：
中华工商联合出版社，2022.6
ISBN 978-7-5158-3419-1

Ⅰ．①整… Ⅱ．①常… Ⅲ．①家庭生活－基本知识
Ⅳ．① TS976.3

中国版本图书馆 CIP 数据核字（2022）第 070552 号

整理有道：重新定义生活美学

作　　者：	常　莉
出 品 人：	李　梁
图书策划：	蓝色畅想
责任编辑：	吴建新
装帧设计：	胡椒书衣
责任审读：	郭敬梅
责任印制：	迈致红
出版发行：	中华工商联合出版社有限责任公司
印　　刷：	北京市兆成印刷有限责任公司
版　　次：	2022年6月第1版
印　　次：	2022年6月第1次印刷
开　　本：	710mm×1000mm　1/16
字　　数：	214千字
印　　张：	15.75
书　　号：	ISBN 978-7-5158-3419-1
定　　价：	68.00元

服务热线：010-58301130-0（前台）

销售热线：010-58302977（网店部）
　　　　　010-58302166（门店部）
　　　　　010-58302837（馆配部、新媒体部）
　　　　　010-58302813（团购部）

地址邮编：北京市西城区西环广场A座
　　　　　19-20层，100044
http://www.chgscbs.cn
投稿热线：010-58302907（总编室）
投稿邮箱：1621239583@qq.com

工商联版图书
凡本社图书出现印装质量问题，
请与印务部联系。
联系电话：010-58302915

前　言

　　中国传统文化追求天人合一的境界，强调人与自然、人与环境的互相融合、协调共生。这是中国人最根本的生存哲学。

　　在现代社会中，这种生存哲学不仅没有过时，反而体现出其强大的生命力，并以新的形式出现。现代人的家居生活就体现了人与空间的相容自在，人与环境的和谐共生，人与器物的物我相宜。而我们以此为原则，追求舒适优雅的生活状态。

　　建筑空间和家居环境、生活场景和生活方式，这几个方面如何达成"天人共处、物我相宜"的境界，如何维系与中国传统的生存法则、生活秩序、家庭礼仪，如何协调优化家庭成员之间的关系？这些都是值得我们去思考与借鉴的新课题。

　　这种环境的达成，氛围的营造和关系的协调，需要在深刻理解中国传统生活哲学和家居文化的基础上，通过整理与收纳，对家居环境进行不断的优化和维护来实现。

　　中国传统家居环境下的整理与收纳其实古已有之，并且一直延续至今。但如何在现代家居环境下，吸收和继承中国传统的居住美学文化、家居美学文化和整理美学文化，并且发扬传统文化中的精髓，努力在繁忙的现代生活背景下，让人们的生活与"文化、尊严、美学、传统"相结合，这值得我们去探索。

"整理之道、收纳之术、操作之技"，正是在这样的背景之下衍生出来的。作为整理收纳师，在多年的工作中，我们总结出了一套帮助中国家庭进行整理收纳的方法——"中国家庭六格系统管理法"，这套方法深度诠释了"传统、家人、时间、物品、空间、心理"之间的逻辑关系以及"衣帽间整理、客厅整理、卧室整理、儿童房整理（亲子整理）、书房整理、厨房整理、玄关整理、老人空间整理、储物间整理、搬家打包还原"等一系列具体场景下的整理收纳技巧和方法。

作为一名整理收纳师，我希望能将多年来在实践中总结的经验与每一位读者分享，同时能够在这个过程中继承和发扬我们中国的传统文化，也是我最大的心愿。

在完成这本书的过程中，很多人都给予我无私的支持和帮助。借此机会，感谢我的朋友薄蕾和孟雪在文字方面给予的支持，而本书中的大量实景图片则是由陈瑜和许莹这两位朋友帮助拍摄完成。

作为整理行业的从业者，继承和发扬中国传统文化是我们的信念，服务现代中国人的家居生活是我们的责任。整理，并不仅仅是改变人们的生活方式，同时也会改变人们的生活态度，希望你掌握整理收纳的技巧，让你的生活更加美好！

目　录

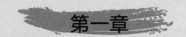
第一章
悄然回归的"中式生活美学"

　　中国人世代传承的居住文化，其主要脉络体现在全国各地区典型民居建筑的设计理念和建设特征中。在这些民居中，中国传统家居美学所倡导的生产生活方式与自然环境完美地遥相呼应。

中国传统民居格局与生活秩序

中国历史悠久，幅员辽阔，各地区的地形风貌相差很大，经济发展状况也不尽相同。在漫长的岁月中，逐渐形成了独具特色的民居建筑形式。这些建筑形式无不深刻地反映了人与自然的关系，而民居的格局更是反映了当地居民的生活秩序和审美情趣。民居建筑按照结构形式可以分为木构架庭院式民居、四水归堂式民居、三间两廊式民居、一颗印式民居、土楼、窑洞式民居以及干阑式民居等。

一、木构架庭院式民居

木构架庭院式民居是传统住宅中最主要的样式，数量最多，分布最广，这种建筑形式遍布全国各地，其中以北京四合院最为人熟知。这种住宅以木构架房屋为主，以院落为中心，在南北向的主轴线上建正房，正房的前面建东西厢房。这种由一正

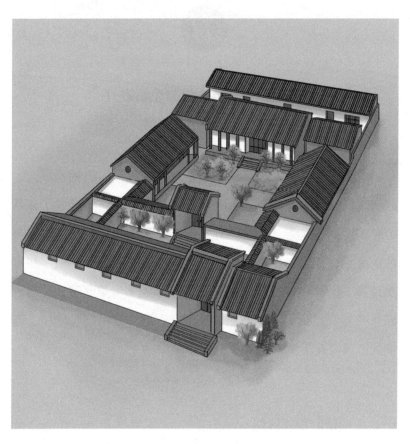

图 1-1　木构架庭院式民居

两厢组成的院子，就是人们常说的"四合院""三合院"。一般来说，主人或长辈住在正房，晚辈住在厢房。这种居住方式符合古代家庭尊卑、长幼有序的礼法要求。

木构架庭院式民居的建筑格局对传统民居的影响很大，在其他样式的民居格局中，都能见到木构架庭院式民居的影子。一般来说，北方以平原为主，土地辽阔，所建的庭院宽敞；而南方以山地丘陵为主，土地相对狭窄，庭院也相对较小，在建造房屋时，要根据山势地形确定房屋的规模。按照结构的不同，木构架庭院式民居还可以分为穿斗式结构和抬梁式结构这两种形式。穿斗式结构的特点是木构架所用材料不多，整体性能较强，抗震能力也好，一般在民居中比较常见。抬梁式结构的特点是采用跨度很大的梁，以此来减少柱子的数量，获取更多的室内空间，这种建筑结构恢弘大气，比较适合宫殿。

二、四水归堂式民居

四水归堂式民居是江南一带独有的民居形式，体现了"天人合一"的道家思想。这种民居形式以木梁为承重载体，砖瓦、石头为墙壁，雕梁画栋为外在景观。这种结构布置紧凑，外形美观及内在实用高度统一。四水归堂式民居以间为基本单元，房屋间数多为奇数，或三间，或五间，每间阔四米左右，深五米到十米，形成自成一体的封闭式院落。一般来说，坐北朝南的为正房，是家中长辈的居所，东西两侧的厢房，则为晚辈的居所，南边的房屋为门楼。

四水归堂式民居的特点是布局紧凑、占地面积小，符合当地人多地少的实际情况，这种民居的大门通常设置在中轴线上，迎面的是大厅及四面房子合围成的一个小院子，被称为天井。江南多雨，天井的主要作用是排水和采光。每到下雨时，雨水便会从四面八方汇聚流入天井，有如四方之财源源不断流入院内，因此称为四水归堂。

天井具有通风和采光的功能，营造了四水归堂式民居中的小生态，构成了江南人生活的中心，天井周围分布着各式各样的住宅生活空间。当我们从前门进来，首先看到的是天井，天井中心有水井。越过天井就是整个建筑的核心部分——堂屋。堂屋的墙壁上挂着祖先的画像，柱子上贴着各式各样的楹联。在有的人家，还可以看到新奇的自鸣钟，自鸣钟是祈求家人平安的吉祥物。天井的左右两侧，是休息的厢房，四水归堂式民居中的厢房很小，但是很精致，有"三步到床，五步到墙"的说法。不过，放下一张精巧的床还是绰绰有余的。书房和家中女孩的闺房也在两侧厢房的范围之内。阳光自天井照射而下，透过明亮的窗户洒到房屋中，人们在天井边居住，望天上云卷云舒，看庭前花开花落，这是一幅多么惬意的画面。

当代著名画家吴冠中，在他的作品《我负丹青》中完美地体现了四水归堂式民居的传统美，画面中的白墙、灰瓦、

图 1-2 四水归堂式民居

绿色竹木，它们和水中的倒影相映成趣，色调素雅明净，柔和幽静。

三、三间两廊式民居

三间两廊式民居，基本分布在岭南、广东一带，分布不广，比起北京的四合院来，三间两廊式的房屋更具有开放性，其结构是这样的：三间主房屋，中间是厅堂，两边两间为住房。院落中间是天井，天井两端就是"廊"，廊屋作厨房用，或者作门房用。

房屋根据家庭成员的身份尊卑和地位来分配。一般以神位的朝向为前方，左为东，右为西。左尊右卑，故而东房为长辈居住的上房，西房为子女居住的下房。此外还有神后房、粮房、账房、偏厅、厨房、洗漱间、两天井、院厅、书楼及前后院等建筑设施。一般来说，门厅的东侧是正厅，还包括厅、房、厨、卫等一系列功能性居住室，另一侧则有院厅和书楼，院厅中心有一根柱子，旁边有一石碾，可以在柱子上拉起一根绳子，再挂上帘子以作隔离之用。院厅西侧有书楼，牌匾上贴着"耕读传家"的家训。

三间两廊式民居空间灵活，布局能够满足生活需求；建筑结构中的防御设计满足了居住的安全需求；交往空间的多层次设计满足了家庭的交往需求；同时还引入了文化因素满足心理

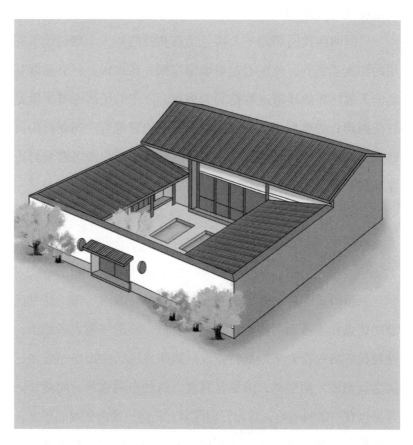

图 1-3　三间两廊式民居

需求。三间两廊式民居的人文关怀设计，为当代住房设计提供了新的思路，那就是家居的可变性；功能的多元化，又为当代住宅设计注入新的活力。

三间两廊式民居的一大特色是其独特的封火山墙，除了实用的防火功能外，外观看起来像顶官帽。在古代，只有考取功名的人家，才能建造这种格局的房屋。广东的民居镬耳屋就是三间两廊式的典型代表，现在保存较好的建筑有广州花都的资政大夫祠、广州增城的坑贝古村落以及佛山市南海区西城村古建筑群等。

四、一颗印式民居

一颗印式民居主要集中在陕西、安徽、云南一带，这种房屋的优点在于占地面积小，陕西、安徽、云南一带人多地少，这种建筑格局符合当地的特点。一颗印式民居的正房一般由三间房屋组成，两层楼，两侧是耳房，这种布局称为三间两耳。耳房也有一边两间的，称为三间四耳。正房一楼为餐厅、居室，二楼储藏粮食。耳房多用作厨房，或是饲养牲畜。在当地，正房称为大厦，耳房称为小厦，大小厦相连，便于雨天行走，家庭成员如果要到别的房屋也非常方便。

一颗印式民居的大门开在中轴线上，一般进深为八尺，有的人家在大门入口处安装一块屏风，由四扇活动板块组合而成，

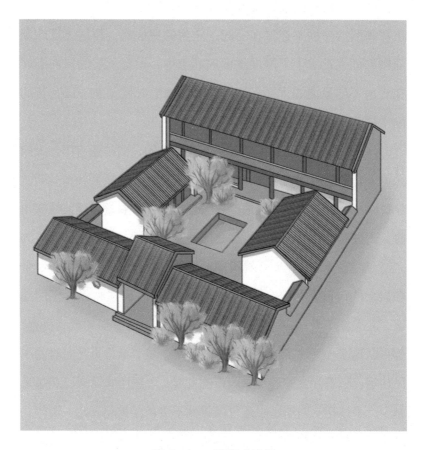

图 1-4　一颗印式民居

上面雕刻有吉祥图案，平时收合起来，每逢节日便打开屏风，迎客入门。一颗印式民居正房屋顶稍高，厢房屋顶为不对称的硬山式，分成长短坡，长坡朝向内院，短坡朝向墙外。院内的正房和厢房屋面不连接在一起，正房的屋面高，厢房上层的屋面刚好插入正房上下两层屋面的间隙中，厢房下层的屋面刚好在正房下层屋面的下面。这样，在下雨的时候，上一层瓦背的雨水就会流到下一层瓦背上。

　　几乎每幢一颗印式民居都是坐北朝南的，门中还有门，大门照壁上有色彩斑斓的绘画，一般绘有大禽猛兽，或者松梅兰菊。穿过天井，走在青石板铺成的廊阶上，可以看到堂屋门前挂有木匾。走进屋中，可以看到地面是用石灰、桐油、瓷粉混合而成的"三合泥"浇筑，平整光亮又不会滑倒，凉爽又不会潮湿。厅堂和居室的门窗上都雕刻着十分精美的福禄寿喜或封侯拜相的图案，寓意吉祥。一颗印式民居无论在山区、闹市、城镇或者村寨，都可以建造，其建筑形式或简单或豪华，是非常常见又温馨的平民住宅。随着社会的进步和城市的发展，一颗印式民居已经越来越少，不过在一些城市中还可以看到不少被保护起来的一颗印式民居，比如在昆明花鸟珠宝市场所在的甬道街就可以看到一颗印式民居。

五、土楼

土楼是由福建客家人的祖先所创造的，这种建筑可以说是中国建筑史上震撼人心的杰作之一，也是世界上独一无二的古建筑形式，知名的土楼群包括永定土楼群、南靖土楼群、田螺坑土楼群、大地土楼群，等等。大地土楼群中有圆楼、方楼，还有五凤楼，直径大多 50 米左右，内设四个单元，每个单元有七间房屋。一般的土楼都有三层，也有的高达六层。土楼内外都有廊道，连接了整座土楼的两百余间房屋。东阳楼坐西北朝东南，由于楼层高，使用二节曲梯，方便土楼内的居民走动。东阳楼建筑面积达到 2200 平方米，主楼 36 间，大厅四个，两翼有护厝房 15 间，土楼中各种功能齐备。

一般来说，每座土楼中一共有三个门，包括中心大门和两个边门。大门外层铆上了一层铁皮，以防匪徒火攻，门上设计有泄沙漏水孔，以便在出现火情时能够快速投入使用。二楼设有一个暗室，当敌人用火攻时，楼内居民能够迅速采取行动，在暗室把平时储存好的水、沙等物往下倾倒，让水、沙在大门内外两侧倾斜下去，这样能够快速将火扑灭。而门闩的设计也十分巧妙。当敌人企图撞击大门的时候，土楼中的居民只要将门后的门闩往外抽，横跨到前面的洞口，大门随即就会牢牢地关住。在圆拱形门框的腰部，两边各有一个门闩洞，里面藏有一根方形木制横杆，在建楼砌石基时就已经放上去了。如果不

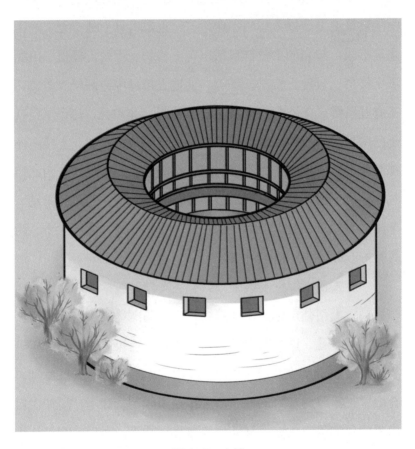

图 1-5 土楼

幸大门敌人被撞开，人们可以在下部再横放上一根门闩，保管
让那些入侵者束手待毙。

　　土楼内部结构的布局同样精巧。二宜楼土楼中的每个单元
都有自己的入口、小天井和独立的楼梯，从而构成户内的私密
空间。单元与单元之间的隔墙，也是用较厚的黄土筑成，隔音
效果比较好，避免影响邻居的休息。用黄土墙将每个单元隔开，
又能有效地防止火灾的发生，确保整座土楼的安全。在二宜楼
外墙面，每隔四至五米就有几个小灯龛，小灯龛上面有修理梯，
当瓦片需要更新的时候，修理工可直接踩在灯座上，再爬上修
理梯就可以作业了。在大土楼中，这些细节的处理也非常到位。
二宜楼的布局与环境有机融合，与生活有机结合，充分体现了"以
人为本，天人合一"的思想。

六、窑洞式民居

　　生活在黄土高原上的人们，世代居住在窑洞里，窑洞冬暖
夏凉，最适宜人类居住。窑洞顶部采用拱形结构，前面的窗户
也高大明亮，整个窑洞看起来既宽敞又舒适。到了现代，窑洞
有了新的发展，窑洞连着窑洞，形成了套房式的新式窑洞。这
种新式窑洞功能齐全，厨房、客厅、卧室都有明显的分工。在
建造土坯窑时，先把土坯打好晒干后，再选择好位置挖窑基，
接下来就可以开始箍窑了。土坯平放，土坯与土坯之间的缝隙

图 1-6　窑洞式民居

用石灰泥加固。当土坯墙体接近四尺高时，就开始箍窑顶，窑顶箍成拱形，上面再用泥土封住。窑洞的种类很多，比较有特色的是靠崖式窑洞和下沉式窑洞。

靠崖式窑洞分靠山式窑洞和沿沟式窑洞。靠山式窑洞的模式，主要与地貌有关。这种窑洞一般都出现在山坡上，背靠山崖，前面有开阔的沟川，窑洞前面有院落，院落连着院落就成了村落。

下沉式窑洞多见于黄土层厚的豫西平原地区，如河南巩县的下沉式窑洞，整个村庄和街道建在地面下，从远处望去，只见林木和庄稼，不见村庄不见人。地下窑洞有着北方四合院相似的格局，有厨房、贮存粮食用的仓库，还有饲养牲畜用的围栏，形成了一个舒适的地下庭院。建造地坑式窑洞需要先从地面向下挖一个大坑，再由大坑往四个方向挖，下沉式窑洞造价比较高。此外，河南省孟津卫坡村的下沉式窑洞也非常有特色。建造这种窑洞所挖的方形大坑就是院子，在转角处有通往地面的通道。如果陌生人来到这里，很有可能不能立刻发现这里是一个村落。在战争年代，下沉式窑洞能有效躲避敌人的袭击。

七、干阑式民居

干阑式民居主要分布在云南、贵州等地。云南、贵州位于云贵高原，气候潮湿，居住的房屋也与其他地区不一样，采用底层架空的干阑式结构。由于云贵地区多陡坡，这类民居的规

图 1-7　干阑式民居

模不大，一般只有三到五间，没有院落，底层用来畜养家畜，中层用作起居生活，最上层则储存粮食。傣族人大多用竹子建造房屋，屋顶覆盖上茅草，这种房屋叫作"竹楼"。壮族人与侗族人有些相似，以五开间房屋结构居多。布依族人由于建筑材料的限制，多用石头垒砌，建筑式样也是干阑式。

在干阑式民居中，最典型的代表是吊脚楼。吊脚楼是一种别出心裁的建筑样式，结构样式美观大方。在湘西和黔东地区，比如湖南省通道县的侗族吊脚楼最有代表性。这一地区的吊脚楼，大多是三层以上的木制结构住宅楼，人住在二楼或三楼，最下层一般用来饲养牲畜或堆放杂物。木楼四周有走廊，走廊上装有栏杆，栏杆边上固定着长凳。由于走廊的突出，使整座楼看上去头重脚轻，别有风韵。整座吊脚楼不用一颗铁钉，只用卯榫组合，这就彰显出了侗族高超的建筑工艺。侗族吊脚楼的二楼兼作堂屋，用作厨房和待客室，三楼为未婚子女的居室。还有更高的吊脚楼，如果有四楼或五楼，也都是子女玩耍的场所，或者也可以作客房用。

八、徽派古建筑

徽派古建筑指流行于古代徽州（今黄山市、绩溪县、婺源县）、浙江严州（今桐庐县、淳安县和建德市）以及金华等地的建筑，其结构为多进院落式，以木构架为主，以砖、木、石等为原料，融石雕、木雕、砖雕为一体，一般坐南朝北、依山傍水。从布局来说，以中轴线为主屋厅堂，左右为厢房，厅堂前有天井，四周由高墙围住，小青瓦盖屋，马头墙高过屋脊，从远处望去像一座座古堡。

走进"古堡"映入眼帘的便是第一进前庭，中间是天井，后面是厅堂。厅堂后有门隔开，有一个堂及两间卧室，堂室后面有一道封火墙，靠墙又有天井，两边是厢房。第二进一根大梁分成两堂，前后两个天井，中有隔墙隔开，共有卧室四间，堂屋两间。第三进和第四进结构基本相同。徽州古民居中一般生活着一个家族，随着子子孙孙的不断繁衍，房子也一进一进地跟着连接下来，所以有"三十六天井，七十二门槛"之说。

徽派古建筑以砖、木、石为主要原料，梁架一般选用硕大的木材，中部微微拱起，民间称为"冬瓜梁"，整根大梁雕刻着花纹，显得华丽壮美。立柱也选用粗大的木料，基本都雕刻着花纹。梁架一般用桐油涂抹，这样显得古朴典雅。徽州古建筑的门楼很讲究，门上的砖、石大多雕刻着花纹，显示出工匠高超的雕刻工艺。岩寺镇的进士第门楼，是仿照明代牌坊建造而成，门楼横仿上有双狮戏球雕塑，刀工细腻，生动传神，柱两边有抱鼓石，华贵高雅。在歙县渔梁镇，一座民宅门楼上的两条横仿之间有一幅砖雕作品，叫作"百子图"，上面雕刻着上百个形态各异的儿童，栩栩如生。门楼是住宅的重要部分，最先展示在别人面前，体现出房屋主人的地位和身份。

图 1-8 徽派古建筑

"青砖小瓦马头墙，回廊挂落花格窗。""小桥流水桃源家，粉墙黛瓦马头墙。"这些诗句说的都是人们对徽派古建筑的印象。我们从中不难看出，徽派古建筑最有特色的便是马头墙、小青瓦。高出瓦背的马头墙，外行人一时无法分辨出马头墙的作用，认为它可有可无，其实，马头墙的作用很大。徽派古建筑都以木材为建筑材料，干燥的木材很容易引起火灾，马头墙其实就是隔火墙。从外观来看，马头墙威武霸气，有镇妖的作用，还能彰显主人的富有。徽派古建筑多为先辈经商或是做官后苦心积攒下来的财富建造所得。这些房屋在功能分布上虽然各有不同，但有一点是相同的，那就是其中肯定设有书房，以此来教化子孙后代读书修身，治国平天下。

建造徽派古建筑时，一般会选择地势高的台地或缓坡之上，这些地方光照充足，空气清新，可以就地开垦土地。因此，徽州古村落往往坐落在山水相依的环境之中，营造出一种山水画的意境，这样的村落被誉为"中国画里的乡村"。

中国传统居住文化与生活秩序

中国传统居住文化受中国传统文化的影响很大,古人在认识世界、改造世界的过程中,将传统文化中的"礼制伦理秩序观""天人合一世界观""辩证思维观""人文主义精神观""追求意境审美观"等,也用于房屋的建造和布局上,从而形成了独特的生活秩序。随着我国经济的不断发展,"回归本真、回归自然"的居住理念逐渐形成,中国传统居住文化也正在慢慢地回归我们的内心。

一、礼制伦理秩序观

儒家是礼制思想的集大成者,自汉武帝"罢黜百家,独尊儒术"之后,儒家思想成为两千多年来中国传统文化的正统和主流思想。这种思想渗透到生活的方方面面,当然也包括我们的居住文化。儒家文化中有三礼之说,分别指《周礼》《仪礼》

《礼记》。《周礼》偏重政治制度，《仪礼》偏重行为规范，《礼记》偏重对具体礼仪的解释和论述。从中我们可以看出，在古代，城、邑、宫、室的布局有明确的等级规定及建造标准。都城可以建造皇宫，其他任何地方政府所在地，都不得仿照皇宫的样式建造宫殿。皇宫居所也有明确规定，天子居中，左祖右社，前朝后寝。

现存最大的、最能体现"礼制"思想的建筑是北京故宫。故宫严格按照《周礼》《礼记》营建原则建造，遵从"天子择中而处""左祖右社""前朝后寝""三朝两宫"的思想规划。故宫中的体量、开间、进深、台阶、色彩、屋顶等无不是按照"礼制"的规定设计建造的。

此外，北京的四合院也讲究北屋为尊，由家长居住，两厢次之，为儿孙辈居住，前院的倒座房为客房，伦理秩序井然。儒家思想在建筑审美上，表现为一种整体意识，它包含了和谐美以及含蓄美。像王家大院、乔家大院这样的豪院私宅，一家几代上百口人，生活在同一空间中，还能够做到团结友爱，这种调和能力，实在令人折服。

二、天人合一的世界观

中国人信奉"智者乐水，仁者乐山"的思想，与山水毗邻而居，拥花草入睡，是人生一大乐事。《礼记》中说："中者，

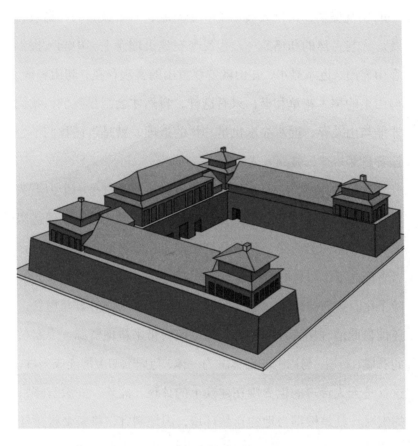

图 1-9　皇宫居所

天下之本也。和者，天下之达道也。致中和，天地位焉，万物育焉。"人们喜欢将自然现象与居住建筑相结合，提倡和谐统一的建筑美学，向世人展示了一个家族、一个家庭的和谐及含蓄。人与自然的和谐统一，也反映在建筑理念上。中国人提倡在山靠山、近水靠水，在山就要尊重山的客观存在，与山和谐，与山上的树木花草和谐，只有这样，自然才会回报我们，我们才能与山共存。近水靠水也是一样的道理，就是告诫我们不要违背自然规律，做到天人合一。

　　河北省井陉县的于家村被称为石头村，全村是一个由石头构筑的"石头王国"。为什么于家村的居民要用石头来建造房屋呢，答案只有一个，那就是这个地方在没有人居住的时候，就有取之不尽用之不竭的石头资源，要想在这里世代生活下去，除了化石头为神奇外，别无他法。大量的石头被用作建筑材料，还能借此清理出大片的土地，为于家村带来耕地资源。于家村的石墙、石屋，与周围的山体融为一体，与周围的土地连成一片，这就是天人合一的世界观在建筑上的体现。此外，安徽省黟县的宏村，就是根据当地的自然环境，因地制宜，将整个村落建设成一头牛的形象。当地的羊栈岭和雷岗山连起来勾勒出了牛的轮廓，雷岗山是牛头，牛角是两棵古树，村落的主体部分是牛的身躯，溪上的四座桥为牛脚，南湖是牛腹，环绕着家家户户的水圳就是牛身上流动着的血管。水圳的水流经家家户户的门前，最后流入村前的水塘。在宏村，清晨到水圳里提取饮用

图1-10 石头村

之水，这个时候不能在水圳里洗衣服。宏村三面环山，坐北朝南，整个村落选址布局尊重自然，凸现了天人合一思想。

三、人文主义精神观

北宋大文豪苏轼曾经说过："宁可食无肉，不可居无竹。无肉令人瘦，无竹令人俗。"这种说法非常鲜明地体现了中国人对居住场所人文精神的追求，表达了一种人文主义精神观。人文主义精神观指的是对人的关注，其基本内涵是尊重人的价值和精神的价值。在我国的传统民居中，这种对人和精神的关注无处不在。尤其在村庄的选址和建造中，这种精神观更是体现得尤为明显。村庄之所以成为村庄，是完全依靠人的保护，没有人的保护，一切都无从谈起。江南地区有许多村庄散落在山岙之中，村庄一般都有水口，水口边有水口树，通常情况下，不会有人去破坏水口树。因为，水口树在村民的心目中，就是王法，一枝一叶都触碰不得。在房屋旁边种植花草树，也可以烘托房屋的美感。

浙江省磐安县榉溪村的孔氏家庙，是孔子第四十八世孙孔端躬避难移居到这里时建造的，与山东曲阜、衢州合称为孔府三圣地。整个榉溪村依山而建，溪水从村前缓缓流过，山上有可以开垦的山地，种粮能够养活自己，溪里的水可以饮用，更为重要的是，溪水可以防火，能确保一方百姓的平安。村口还

图 1-11　江南村庄

建起了牌坊，上面的宣传广告语，除了对本村进行宣传推广外，还为村庄添加了一份美感。宣传牌立在村口，上面写着村规民约、国家政策，以及村庄的线路和习俗，这让初次到来的游客可以大概了解当地的风土人情，能够促进人与人之间的友爱。

四、追求意境的审美观

意境是为中国传统美学中的范畴，王昌龄在《诗格》中曾提出"诗有三境"，即物境、情境与意境，意境为"亦张之于意而思之于心，则得其真矣"，古人同样也在居住文化中寻求意境。在江南的一些村庄中，人们种植了各种各样的树木花草，还在村中心挖水塘，让房屋倒映在水中，让花草树木倒映在水中，让村庄边的山倒映在水中，构成了一幅幅绝美的图画。

在江西省婺源县，古朴的村庄边有大片的土地，村民在土地上种下油菜。到了春天，油菜花竞相开放，这可真是一幅绝妙的图画。一个村庄，营造得有意境，那么这里的人们就宛如生活在图画中，行走在诗歌中。现在，各级政府已经出台了相关政策，支持农村美化居住环境，通过"十美村、十差村"的评比，促进美丽村庄的建设。

安徽黟县的西递村四面环山，两条小溪从村庄的北边和东边流过，村里有一百多幢保存完好的明清古建筑。这些古建筑粉墙黛瓦，檐角飞扬，再加上高低错落的马头墙，形成了一幅绝美的画卷，村落如画，画中有诗。

　　四川省甘孜藏族自治州丹巴藏寨的碉楼依山势而建，高高低低，错落有致，村庄周围有茂密的树林，村庄前面有清澈的溪流，村庄上方是皑皑的雪山，这一切构成一幅美丽的乡村画卷。如果春天来丹巴藏寨，一定会看到村子里梨花满枝头，宛如云霞，到处弥漫着沁人心脾的梨花香气。

中国传统整理收纳的生活美学

在中国传统家居中，有不少与整理收纳相关的器物，为古人家居生活的整齐有序提供了不小的帮助，总结起来这些器物包括衣架、屏风、箱柜、文房清玩等。这些器物设计精巧、造型古朴，不仅体现了古人的整理收纳观，也是古典生活美学的具体体现，同时还为当代的整理收纳提供了不少新的思路。

一、传统收纳器物之衣架与屏风

衣架的主要作用是方便衣物临时性的整理，而屏风则是用来遮挡室内的空间。

我国古代服饰推崇宽大、飘逸以及内敛，以舒适作为服饰的主要标准，突出和强调人体在服饰中的自在随意、从容自由等。衣服更换下来后，就需要一个临时的器物来收纳，这个临时收纳衣服的器物就是衣架。

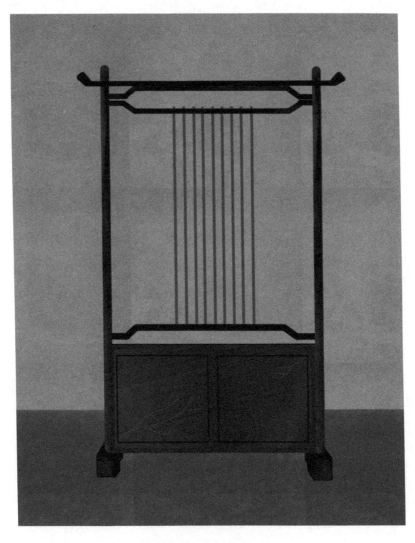

图 1-12 古代雕花衣架

衣架一般设在寝室内及床榻边。古人衣架多取横杆式。两侧有立柱，下承木底座。底座之间有横枨或横板。立柱顶端安有上横梁，两端长出立柱，并在末端雕有龙头、凤头或灵芝、云头等装饰物。横杆之下安中牌子。中牌子在两根横杆之间另加两支小立柱儿分为三格，俗称矮佬儿，也有的用小块料攒成几何纹棂子，做法多样，主要对衣架起固定的作用。完整的衣架具备上横梁和中牌子两道横杆，衣服脱下后，就搭在横杆上向两面下垂。❶

屏风多设在床榻和坐席附近，虽不具备整理收纳功能，却能遮挡视线，方便人们更换衣物及谈话等。屏风中多绘有书画，可以起到装饰的作用。在美观的同时，还体现了传统含蓄的生活美学。

二、传统收纳器物之文房清玩

古代文人的文房清玩非常多，而且造型精巧，体型微小。南宋赵希鹄曾专门将文房用器整理成书，即《洞天清禄集》，里面清楚地记载了十门文房用器的内容。明代高濂的《遵生八笺》则统计了多达 49 种文房清玩。

在这些文房清玩中，有不少是用于收纳和整理的器物。

---

❶ 胡德生：《屏风与衣架：从敦煌壁画看传统家具》（来源于公众号"明清家具研习社"）。

笔用类

毛笔是文房中的主要用具，以下是用于放置、收纳毛笔的器具。

笔架：笔架也称笔搁、笔格，是用来暂时放置毛笔的器物，主要防止毛笔沾染其他物品，是文房中较为常见的收纳器具。

笔挂：笔挂顾名思义是用来挂毛笔的器物，一般是横长式，上面有许多小勾，可以用来挂毛笔。

笔筒：筒状，用来盛毛笔的器皿。

笔床：类似今天的铅笔盒，是专门用来搁放毛笔的器物。南朝的徐陵曾有过这样的描述："琉璃砚盒，终日随身；翡翠笔床，无时离手。"

笔匣：用来存放毛笔，还可以在里面放置防虫蛀的药，出门时可携带。

此外还有笔船、笔屏、笔帘、笔海等。

墨用类

文房中另一大项就是墨。墨收纳不好容易玷污其他物品，因此在墨的收纳上，古人也下足了功夫。

墨床：墨床是专门搁置墨锭的，一般不太大，宽二指左右，长三寸左右。墨床造型多样，有案架形、座托形等。

墨缸：墨缸主要用于存放多余的墨水。

墨盒：墨盒是用于存放墨锭的盒子。

墨匣：多为漆匣，可以防潮、防湿，主要用于长时间存放墨锭。

三、传统收纳器物之箱柜

箱柜等收纳器物在古人家居收纳中占有非常重要的地位，人们的一些大件物品和家私细软等都可以收纳在其中。箱柜的种类很多，作用各不相同，总体来说，可以分为柜、箱、橱这三类。

柜

柜是古人家居生活中必备的大型收纳器物。一般来说，柜有对开的两扇门，中间用隔板隔开，高度大于宽度。柜门上安装有面条、吊牌等铜饰件，用于开合和上锁。

箱

箱比柜小，可用于运输和搬运，是一种方形的存放物品的家具，一般是木制的，再配以铜饰件，有底和盖，上面可以开盖。根据箱用途的不同，又可以分为以下几种。

镜箱：又称"镜匣""奁具"，是用于存放梳妆用具的匣子，里面会放置铜镜，镜箱因此得名。在出土的镜箱中，多见于女性墓穴。

官皮箱：是旅行中用于存放物品的小箱子，因为多为官员巡查时所用，因此得名。官皮箱既可以用于存放衣物，也可以用于存放文具。

扛箱：是用于出游时盛放酒食或者馈赠礼物的箱子。箱子有立柱和横梁，可以分层叠放。

图 1-13　古代雕花柜

此外，还有书箱、轿箱、百宝盒、香盒等，形制多有变化，用处也各不相同。

橱

橱是桌案与柜的结合体，一般宽度大于高度，顶部的面板作为桌案使用，可以摆放物品；桌案下一般做抽屉，抽屉下是柜体，可以存放各种物品。橱也是古代家居生活中必不可少的收纳器物。

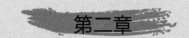

第二章

现代人居住生活的问题显现

　　面对无数的压力与困惑，现代中国人如何吸取和继承中国传统的居住美学文化；如何与古人一样，保持中国人特有的品质感、文化感、仪式感和尊严感；如何在现代生活场景和生活方式下尽情享受社会进步的成果，提高家居生活水平和生活质量。

建筑与居住环境改变的问题显现

进入现代社会以来，随着经济的发展和生活理念的改变，人们的居住环境也明显发生了变化。在乡村，从原来的窑洞、土坯房、砖瓦房变成了现代的小洋楼、小别墅；在城市，则从原来的平房、筒子楼变成了楼房甚至更高档的住宅小区。虽然生活空间改变了，卫生设施等设备也更齐全了，但却出现了一些新的问题。主要表现三方面。

一、庭院消失带来的问题

庭院指的是建筑物前后包围的场地，一般也称为院子。庭院是古人生活中的一个重要场景，以庭院为背景的诗词歌赋为我们营造了许多美好的场景。例如，清代诗人龚自珍在《鹊桥仙·秦淮有访》中写道："今朝不见，胜如重见，庭院暮寒时节。"宋代的诗人辛弃疾在《满江红·暮春》中写道："庭院静，空相忆。"

唐代诗人元稹在《春六十韵》中写道："但赏欢无极，那知恨亦充。洞房闲窈窕，庭院独葱茏。"宋代词人李清照更是留下了千古名篇："庭院深深深几许，云窗雾阁春迟，为谁憔悴损芳姿。"

庭院是传统建筑和传统生活场景中不可或缺的重要因素，主要有三方面的作用。首先是景观作用。庭院是居住场所与自然环境直接连接的主要空间，在庭院中，可以用叠石、水体等营造一个自然美和艺术美相结合的景观空间，为居住在其中的人们提供观赏价值。其次是生态作用。庭院中种植的植物和水体有调节气候的作用，而一些庭院中的设置会使通风效果更佳，从而达到散热的作用。例如，广州西关地区的住宅就是纵向发展，并垂直于街道，三面与领屋相连，并设置前大后小的天井共两个，天井之间以内廊相连接，这样的设置使得房屋的自然通风效果更加理想，从而达到了调节生态的作用。最后，庭院还能提高和改善建筑的空气质量。庭院式建筑直接与新鲜空气相接触，而且有害气体能够直接排出，这样就保证家中的空气质量。

而现代居住环境，尤其是城市的居住环境，使得绝大多数家庭都没有庭院。房屋与房屋密密麻麻连在一起，房间和房间紧紧挨在一起。没有了庭院的居住空间因此出现了很多问题。首先，虽然很多家庭中都有机械通风设备，但是由于没有庭院直接与自然相连接，不能很好地引进自然风，新鲜空气需通过风道系统进入室内，如果这些设备中有积尘或者发霉的现象，那么就会使进入的空气质量大打折扣。其次，现代居住环境过

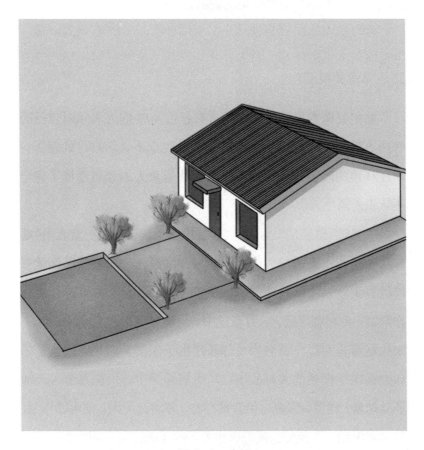

图2-1 庭院

于密集，通风效果差，几乎没有水体，人均绿化率远不及庭院式建筑，居住在其中的人们很难看到绿色植物，庭院所特有的景观作用和生态作用也就无从谈起。

二、邻里关系淡化

据相关调查显示，在中国，有超过 40% 的人表示对自己的邻居不熟悉，而有超过 10% 的人表示完全不认识自己的领居。居住环境的改变，让曾经不是亲人胜似亲人的邻居变成了完全不认识的陌生人。

"邻居"曾经是美好的代名词。唐代于鹄曾写过一首名为《题邻居》的诗，表达与邻居共用灶台和水渠，一起采药一起读书的美好关系："僻巷邻家少，茅檐喜并居。蒸梨常共灶，浇薤亦同渠。传屐朝寻药，分灯夜读书。虽然在城市，还得似樵渔。"宋代赵蕃也写过一首名为《邻居送梅子朱樱》的诗，讲述了邻居赠送梅子樱桃的美好故事："山居蔬果少，口腹每劳人。梅子欣初食，樱桃并及新。供盐贫亦办，荐酪远无因。便可呼杯勺，数朝阴雨频。"此外，还有唐代方干的《赠邻居袁明府》："隔竹每呼皆得应，二心亲熟更如何。文章锻炼犹相似，年齿参差不校多。雨后卷帘看越岭，更深敧枕听湖波。朝昏幸得同醒醉，遮莫光阴自下坡。"

即使在 20 世纪 70 年代的筒子楼里，领里关系依然非常和谐，

"出了东门进西门，不是叔叔就是姨"，邻居之间相互串门，互赠食物，帮忙接送孩子等都是非常常见的。有人回忆道：筒子楼是一条长廊串联着很多个房间，房间面积狭小，一般只有十几平方米，因此要共用厨房和卫生间。筒子楼里的住户多是一个单位的同事。这就给了人们充分交往的机会，邻里之间相互串门、互相关心，一到吃饭时间楼道里就人声鼎沸、油烟处处。这样的生活场景和邻里关系给人们留下了许多美好的回忆。

在城市中，随着楼房式居民小区不断涌现，人们的住房条件得到了改善，拥有了更多的空间，有了属于自己的卫生间、厨房、客厅等。这样的单元房逐渐取代了筒子楼。然而，由于这样的单元房设施齐全，对人们的隐私也保护得非常好，人们除了出入自己的住所，无需与邻居进行过多的交往，因此，邻里关系变得越来越淡。

此后，城市中的住房还经过一系列的改良，例如20世纪90年代出现的商品房，21世纪的复式楼、公寓、廉租房等。虽然人均住房面积越来越大，各种功能的设施也越来越齐全，但是这类居住空间的底层逻辑并没有改变，还是以每个居住空间为单位，不断完善空间内的配置，使人们不需要和邻居有过多交往就能生活得很好。换言之，这样的居住空间不鼓励邻里之间的交往，间接促进了社区人际关系的冷漠。

三、房价上涨带来的居住空间紧张

1998 年，"福利分房"时代结束，房屋走上了商品化的道路。此后，随着市场经济的发展，城市住房用地日益紧张，房价也开始水涨船高。近十年来，一些地区的房价更是上涨到了让很多人无法承受的地步，为了在城市中获得立足之地，人们不得不把目光投向了总价更低的小户型房屋。小户型，顾名思义就是面积更小的房子，这样的房子面积小、功能区少、朝向不定、室内空间的布置也不合理。居住空间的紧张至少给人们带来了三个问题。

第一，功能错位。

小户型的房屋由于面积小，各个功能区没有明显的划分，有时候，人们不得不做一些妥协。例如，由于总面积小，厨房的面积也相对较小，冰箱等大型家电不得不移至客厅或者卧室；由于室内空间小，阳台成了储藏室；卫生间面积小，无法满足多人的使用需求，只能在厨房洗漱等。功能错位除了会使居住者的居住体验变差，还可能影响居住者的健康。例如，将冰箱放置在卧室，冰箱工作时产生的噪音非常容易影响居住者的睡眠质量。

第二，朝向差，违背了自然原则。

小户型房屋的朝向多种多样，极少见到南北通透的户型，一般只有一个朝向，人们只能在很少的时间段内见到阳光，一

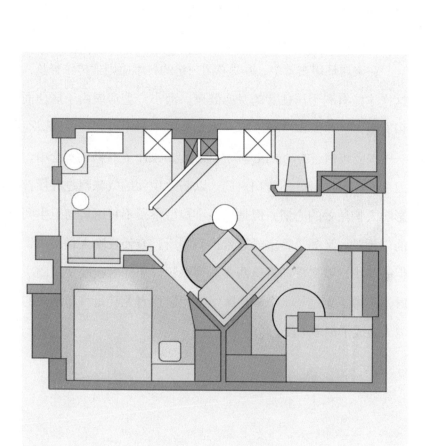

图 2-2 小户型的房屋

些朝北的户型甚至终年见不到阳光。这样的居住环境违背了人们需要光照的自然原则，不适合长期居住。

第三，空间布局不合理。

在家居环境布置中，需要遵循一定的科学原则或传统经验，这样才能有利于居住者的身心健康。而小户型房屋由于居住面积有限，一些原本应该隔离开的功能区不得不设置在一起，而一些本应该相连的功能区却隔得很远。例如，在传统的观念中，卫生间和餐厅最好不要门对门，以防卫生间的气味飘进餐厅，影响人们用餐的心情，但是很多小户型不得不将厨房与卫生间的门相对。又如，卧室最好紧挨着厕所，方便夜晚人们使用，但一些小户型房屋却将这两者隔得很远。居住者夜晚使用厕所时，不得不穿过一个个功能区，这为居住者尤其是行动不便的老人造成了很多不便。

衣物增多带来的问题显现

　　近些年来，随着经济的进一步发展和网络购物的普及，人们非常方便就能购买到自己喜欢的衣物，注重个性表达的年轻人，开始另辟蹊径，用独特的服饰表达自己的时尚品位。服装的种类越来越多，人们对于服装的审美也逐渐多元化。定制化生产、个性化生产成为潮流，一些国潮、国货开始崛起，中国设计也在国际市场上崛起，成为不可忽视的力量，服装产业迅速扩大。然而，随着服装产业的快速发展，服装被大批量生产出来，消费者购买和拥有了越来越多的服装，一些问题也随之凸显出来。这些问题主要体现在三方面。

一、衣物过多导致的整理收纳问题

　　随着生活水平的提高，人们有能力选择和拥有更多的衣物。与过去的"新三年，旧三年，缝缝补补又三年"的观念不同，现代人的衣物数量相比过去增长了十几倍，甚至几十倍。人们有了更多的选择，然而问题也随之产生。由于衣物的数量增长过快，人们又普遍没有收纳和整理的意识及知识，而且还存在一些衣柜不够大、设置不合理等问题。由于工作和生活节奏加快，人们又不愿意花更多时间在衣物的收纳和整理上，因此，很多人只是将所有的衣服随意放在衣柜中，有些即使叠放整齐，但寻找起来依然非常吃力。

人们逐渐被衣物所累，衣物太多了又不知道从哪里着手整理；衣服整理好，过几天衣柜又乱了；衣服的种类太多不知道怎样归类整理；就算有这么多衣服却仍然知道穿什么，不知道哪些可以丢弃，等等。在这样的背景下，职业整理师应运而生，一些概念如"断舍离""极简主义"等开始在年轻人中流行起来。

二、闲置衣物带来的资源浪费

随着电子商务的发展，购物变得十分方便，只需要在手机上下单，过几天就能送货上门。受消费理念转变的影响，人们购买了越多越多的衣物，拆快递成了很多人的爱好，"剁手党"数量不断攀升。然而，这么多衣物还没来得及穿，新的款式又出现了，人们又开始购买新的款式……还有一些人追逐时尚，每个季度都要跟随潮流购买新的衣服。很多衣服还来不及穿，就显得"过时"了，久而久之，家里囤积的闲置衣物越来越多。

另一方面，旧衣物的回收利用并不发达，很多衣物闲置一段时间后，就被主人直接当作垃圾丢弃，造成了很大的资源浪费。

三、衣物过剩导致的环境污染问题

消费者不停地购买，刺激着服装厂家生产更多的服装。然而，很多服装的制作过程会造成明显的环境污染问题。据相关数据统计，目前全球每年消费的服装超过 6200 万吨，17%~20% 的工业废水来自纺织业，这种工业废水中充斥着各种有毒、有害物质；10% 的碳排放量是服装工业产生的，在合成纤维时，还会释放一氧化二氮，这种气体对环境的破坏力比二氧化碳要强 300 多倍。这使得服装行业成为仅次于石油化工行业的污染源。随着全球人口数量的不断攀升，有专家预测，到 2030 年，当世界人口增长到 85 亿时，服装行业将超过石油化工行业，成为世界最大的污染源。

我们以非常受人们欢迎的棉质服装为例进行说明。棉花的种植本身就非常消耗资源，有数据显示，全球仅有 2.4% 的耕地用来种植棉花，但这些棉花却消耗着世界上 3% 的淡水、25% 的杀虫剂和 10% 的农药。在将棉花加工成衣物的过程中，则会消耗更多资源。以牛仔裤为例，从农田里的原材料到成品，制作一条牛仔裤需要消耗 3480 升水。在牛仔布料的印染过程中，使用的染料中包含了大量的铅、镉等重金属，还有壬基酚、辛基酚及全氟辛烷磺酸等对环境危害非常大的成分也被广泛使用，这些有害物质最终都随着废水一起排放到大自然中，对环境造成严重的污染。

合成纤维的原材料是石油产品，在制作的过程中虽然消耗的资源较少，但是同样对环境产生很大的污染。用合成纤维制成的衣物，在多次洗涤拉扯后会分裂出塑料细丝。这些塑料细丝会进入空气和水循环中，还会在食物链中流动，最终进入人类体内。人造纤维的原材料是木材，虽然相对环保，但是过度使用会造成树木的大量砍伐，从而造成生态失衡。羊毛制品的过度消耗则会导致草原的过度开发，最终形成温室效应。

此外，丢弃的衣物同样会造成环境污染，曾有专家做过调研，我们丢弃的衣物，只有 15% 被回收利用，其余的衣物都会被送到垃圾场进行焚烧或填埋处理。毋庸置疑，焚烧会造成严重的环境污染，填埋产生的环境问题同样不容小觑。由于 72% 的衣物制造时都会用到聚酯纤维，这种材料中含有的塑料很难被大自然降解，自然降解一件聚酯纤维制成的衣物，大约需要 200 年。

03

中式美学理念在现代生活场景中的体现

一、何为中式生活美学

"我们看夕阳，看秋河，看花，听雨，闻香，喝不求解渴的酒，吃不求饱的点心，都是生活上必要的——虽然是无用的装点，而且是愈精炼愈好。"这是周作人对生活的理解，体现了中式生活美学。近年来，随着经济的发展和文化的复兴，人们开始重新审视中式生活方式，越发感觉到中式生活方式的美好，希望自己的日常生活也能够体现出中式生活美学。实际上，中式生活美学是脱胎于中国传统文化，但又融汇古今的一种新兴的生活方式。总体来说，中式生活美学体现在五个方面。

第一，重精神，追求意境美。

中式生活美学是建立在文化和意识上的璀璨明珠，它重仪式、重意识、求精神、求意境。在中国传统文化中，众多文人墨客已经为我们描绘了一幅幅绝妙的中式生活美学画卷，既有"洗砚鱼吞墨，烹茶鹤避烟"，又有"笑看风轻云淡，闲听花静鸟喧"；是"行到水穷处，坐看云起时"，也是"竹密岂妨流水过，山高哪碍野云飞"；有"琴拨幽静处，茶煮溪桥边，书约黄昏后，剑拔不平时"，有"春有百花秋有月，夏有凉风冬有雪"，还有"高卧丘壑中，逃名尘世外"。

第二，化繁为简。

近代作家林语堂曾这样说道："生活的智慧在于逐渐澄清滤除那些不重要的杂质，而保留更重要的部分——享受家庭、生活文化与自然的乐趣。"这种化繁为简的智慧也是中式生活美学的特点和追求。中式生活美学注重对精神的追求，用简单静谧的环境收容漂泊的灵魂，简化琐碎的生活，为心灵留出呼吸和想象的空间。"写意"的概念正好符合化繁为简的特征，已经成为中式生活美学中不可或缺的一部分。"写意"原本是绘画创作术语，与"写实"相对，指的是忽略对外部形象逼真的追求，转而强调事物内在的精神实质。例如，在家居装修中，用黑白灰三色搭配背景墙，去繁就简，用线条和留白营造出一种简洁、纯净的水墨画之感，使得整个空间大气而通透，素雅而有质感。

第三，极强的包容性。

中式生活美学并不是指完全按照传统的审美来生活，恰恰相反，它有着极强的包容性。一些西式的家居物件、生活态度、审美情趣也逐渐演变成中式生活美学的一部分。中式生活美学经过五千多年的发展，融合了多地区、多民族的生活理念和审美情趣，曾经被认为与中式审美相距甚远的思想和器物，正慢慢成为中式生活美学中的重要部分。

第四，追求"天人合一"。

在家居中保留与自然连接的通道是中式生活美学的又一大特征，而保留通道则是为了达到"天人合一"的目的。这个通道可以是庭院，可以是花园，也可以是一间茶室。在这个通道里，人们可以放松身心，闲时望月，无事论禅。在中式生活美学中，"诗、酒、花、茶"是人们在追求"天人合一"这一过程中不可或缺的重要组成部分。

俗话说"读史使人明智，读诗使人灵秀"，中式生活的优雅更是在诗中体现得淋漓尽致。人的一生中，都会体会到或得意、或失意、或怀才不遇、或离愁别绪等各种情感，都能在诗中与古人畅谈。酒，代表的是中式生活美学的浪漫，"对酒当歌，人生几何""古来圣贤皆寂寞，惟有饮者留其名""晚来天欲雪，能饮一杯无""葡萄美酒夜光杯，欲饮琵琶马上催"，中式美学的豪放、孤独、温馨、悲壮都通过酒这一媒介抒发了出来。"花开花落是人生，一朝一夕是日子""清茗酬知己，煮茶会佳人"，有花与茶的陪伴，生活便更有情趣和诗意，与自然也更加亲近交融。

第五，妙用"无用之用"。

在中式生活美学中，保留了很多看似"无用"的东西，然而，正是这些无用的东西，构成了生活空间的美感，也使得人们在这样的空间中得到放松与休憩。在中式生活美学中，对"诗"的化用和追求，就是对无用之用的最好诠释。在中式生活美学中，诗歌用语言之美，表达了诗人心中深远的意境。在现代生活场景中，即使人们对诗歌不甚了解，也能在月夜下想起"举头望明月，低头思故乡"，在中秋佳节想起"但愿人长久，千里共婵娟"这样的诗句。这种在实际生活中看似无任何功用的诗歌为人们的心灵提供了休憩之所。

在家居整理中，许多人都认为家中的每个衣柜都应该装满衣物。其实，空间留白也是一种美，留白可以让我们快速地找到自己所需的物品，并且适当的留白也能让空间更加美化。经过整理师的指导，可以学习专业的挂衣及叠衣方法，这样会让衣柜更省空间，也更方便取用。这种留白就是妙用"无用之用"的极佳范例。

二、中式生活美学在现代生活场景中的具体体现

中式生活美学从传统中汲取精髓，又融合了其他文化的先进理念，渗透进现代生活的方方面面。在现代生活场景中，中式生活美学主要体现在家居装修、物品收纳整理、生活方式和理念这三方面。

图2-3 诗、酒、花、茶

第一，家居装修。

家居装修是中式生活美学在现代生活场景中最直观的体现，家居装修通过对空间的装饰和氛围的营造，直接体现中式生活美学。例如，在还原中式生活美学宁静清新的生活愿景时，可以用浅色调的原木新中式家具，再搭配亮色调的空间基色，营造一种宁静却不冷清、清新而不朴素的生活空间。

此外，很多人对中式生活美学有一定的误解，认为中式生活美学就是清新寡淡的，只适合修身养心，其实不然，家居装修还可以展示其绚丽多彩、灵动多元的一面。例如，在家居装修中，可以使用故宫中常见的正红、明黄、翠蓝等颜色，再配以造型雅致的家具，打造"贵族范儿"的中式家居空间，让中式生活美学中绚丽、张扬的一面在生活中完美地体现出来。

第二，物品收纳整理。

现代人忙于工作和学习，往往会将生活先搁置一边，当终于有时间生活时，却不知道用什么方式善待生活，只能通过"买买买"这种简单直接的方式弥补对生活的亏欠。而这种"买买买"的方式并不能让生活变得更好，反而让人们为物品所累。不仅如此，生活还给人们出了新的难题——如何收纳整理这样多的物品。

在中式生活美学中，对物品收纳整理最有指导价值的就是"化繁为简"这一条。丢弃没有用的、破旧的物品，转卖或捐赠不需要但还有价值的物品，将使用频率最高的物品放置在显

眼处。重新调整人、空间、物品的关系，让收纳整理后的空间
有序、整洁，才能体现生活和物品本身的美感。

第三，生活方式和理念。

中式生活美学中"重精神，追求意境美"这一思想，为人
们的生活方式和生活理念提供了丰富的想象力。生活方式指的
是包括衣、食、住、行等在内的日常活动方式，而生活理念是
指个人对生活的态度。在繁杂无序的日常生活中，中式生活美
学能为人们提供精神指引，并给出理想的生活范式。在中式生
活美学的指引下，人们能以更从容、更笃定的心态面对生活。
例如，网红李子柒在其短视频中展示了"春有百花秋有月，夏
采鲜果做果酱，冬天自制羊毛斗篷"的田园牧歌式生活，这就
是中式生活美学中的生活方式和理念的最佳范例。

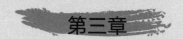

第三章

"中式生活美学"的整理之道

　　"中式生活美学"的整理之道，主要体现在整理成果的可维护、可持续性，以及整理专业化服务的价值亮点之中。

　　中国家庭六格系统整理法包括传承、家人、时间、物品、空间、心理，形成了"职业整理师"专业化的基本技能与操作要求。

整理理念与"中式生活美学"理念

随着生活水平的不断提高以及工作节奏的不断加快,人们越来越喜欢用"买买买"的方式舒缓生活压力,这样造成的结果就是每个人都拥有了越来越多的物品。这些不断"膨胀"的物品堆在家中,越发让人们感到被物品压得喘不过气来。有研究数据表明,人的一生中至少需要花费13140个小时在家中寻找物品,这个数字相当惊人。试想,如果家中变得整齐且井井有条,大家就可以把时间花费在更有意义的事情上,从而找到舒适、心动的生活方式,过上理想的家居生活。因此,室内的整理收纳便成为非常重要的事情。

对大多数中国人来说,很难做到把那些不必需、不合适、不喜欢的物品统统舍弃,并切断对它们的眷恋。在整理过程中,慎弃、慎舍、慎扔,不浪费已存在的物品,是我们的原则。没有物品的家不能称之为家,因为这样的家没有人情味,没有烟火气,是不温暖的。因此,中式收纳整理并不强迫人们"断舍离",

而是将收纳空间扩容和重新规划，以便让空间更加有序整洁，从而容纳更多不忍舍弃之物。中式收纳整理的精髓是接纳和平衡，即接纳自己的不完美，尊重和接纳自己的物欲，并在物欲和整洁有序中寻找平衡。

在这样的背景下，"中国家庭六格系统整理法"应运而生，这套整理方法中蕴含着深刻的"中式生活美学"理念。

一、传承

在传承中式整理收纳精髓，结合中式家居格局和收纳的基础上，我们将中式整理收纳进行创新性发展。提纯现代理法，总结中式传统住宅文化为今天所用。

当今时代，人们对生活和空间有了更高的要求，急需对自己的空间和生活进行整理，就是在这样的背景下，"生活有条理，人生有格局"的整理收纳理念就这样产生了。

二、家人

每个空间中居住的家庭构成都不相同，有仅有一人居住的单身贵族家庭，有两人居住的新结婚夫妻或丁克夫妻家庭，有父母与一个或多个子女居住的家庭，还有宠物之家、老人之家、单亲家庭，等等。

因为家庭成员的不同，每个家庭都有不同的特征和整理难题。在进行收纳整理时，可以根据家庭成员的不同，将这些家庭成员的性格分为尊重专业型、追求潮流型、情绪自由型、原则结果型、无主见质疑型、自我娱乐型等多种类型。再根据家庭类型的不同，提供差异化的服务。

整理其实就是空间与美学的碰撞，让家庭中的每个成员都能把自己现有的生活变成理想中的生活。

三、时间

根据四季节令的不同，人们的穿衣需求和收纳需求也不相同。例如，夏季需要将电风扇、凉席等家居用品摆放在显眼的位置；而冬季则要将毛毯、电暖气等用品拿出来摆放在家中。"四季整理"的理念综合了节令与收纳习惯，强调整理手法和收纳方式随着时间的变化而变化，让人们在实际生活中更加方便，感受更好的整理体验。

四、物品

整理其实就是在空间和时间中，为物品做出取舍，为关系做出定位，为心灵腾出空间。而整理的意义就是在整理物品的过程中，发现自己的潜力，梳理有序的人生。

在整理中，中国式整理收纳的理念、方法与国外的整理收纳相比有很大的差别，特别是与日式的"断舍离"相比，中式的整理收纳强调人、物品和空间的匹配，尽量减少对物品的"抛弃"，更多的是把人们的"心头好"都收藏起来，这就要求在空间设计上进行一些调整和扩容。

五、空间

整理的主要作用是把家里变得整洁有序，合理运用家里的每一处空间，让居住者能够快速拿取需要的物品。因此，整理的本质其实就是处理人、物品、空间三者的关系，通过对空间里物品的整理，重新审视自己的内心，明确当下的需要，找寻最适合自己的物品。这样，就能让人们通过整理最大化地从生活中受益，让生活变得更有条理。

六、心理

整理是一件非常有仪式感的事情，它不仅仅是把物品摆放整齐，还需要考虑到客户的收纳习惯，建立相对应的收纳系统。每完成一次整理，就是对身心的净化。对客户来说，家居整理不仅能帮助他们整理收纳家中的衣物、生活用品，并通过一些定位化管理手段，防止物品"复乱"，而且还帮助人们养成有条理、有逻辑的生活方式，从而达到"整理人生"的效果。

整齐的空间能反过来影响居住者的心理，很多家庭经过整理后都提供了非常正向的反馈。例如，有一个孩子的房间乱糟糟的，他每天放学后喜欢在外面疯玩，不愿意回家。等房间经过整理后，变得整齐有序，孩子竟然愿意待在自己的房间里安静地看书了。这说明，整洁的环境可以调动和重启孩子内心对知识的渴望。所以说，整理其实是在帮助人们营造良好友善的居住环境。

整理为什么要专业化？

在很多人的观念中，整理虽然琐碎但却是一项简单的工作，自己在家也能独立完成，根本不需要依靠专业的整理师。然而，事实上整理时需要考虑的因素很多，例如家庭的审美偏好、家庭成员的生活习惯、当地的环境气候、风土人情，等等。整理还需要对空间提前进行设计规划，这些都需要专业的整理师才能完成。整理看似人人都可以，但将空间整理成"令人心动"的模样，则需要专业的知识和训练。

一、简单的收拾不是整理

很多人认为自己完全可以对空间进行整理，而且经过一番简单收拾后，空间确实比原来清爽整齐了。但是过不了两天，空间又恢复原状，变得和原来一样乱，甚至以前很容易找到的物品在收拾后反而找不到了。这种简单的收拾不是整理，真正的整理是在空间表面清爽整齐的基础上，对物品进行归类整理，重新安排空间内的动线和摆放逻辑，让居住者能准确找到自己需要的物品。并且，在整理之后，即使因为没有及时物归原位导致变乱，也可以快速恢复整洁，不会像之前一样变得更乱或者无从下手。

整理不是简单的收拾，需要运用专业的知识和正确的方法，帮助居住者释放空间，提高生活效率，寻找物品变得容易，同时也能帮助居住者认识自己，重新审视自己的生活状态。

二、整理需要提前规划设计

专业的整理师在整理之前会对空间提前进行规划设计，根据居住者的生活习惯和审美偏好等重新划分空间。例如，在一个家庭尤其是多人的家庭中，每个人的生活习惯、审美偏好、关注点都不相同，整理师在为其整理时，不能不管不问，按照自己的想法一通收拾。而应该根据家庭中每个成员的生活状态、行为路径，以及整个家庭未来的发展规划，为其设计规划空间。规划空间时，要充分考虑家庭成员身高和行为尺寸的人体工学。以衣柜为例，我们的手能摸到的最高位置是身高 1.2 倍之处，最低是身高 0.4 倍之处。为家庭成员分配衣柜空间时，可以将低矮处留给儿童，高处留给较高的父亲或者母亲。如果儿童拥有自己的独立衣柜，在为其设计的时候，可以以多功能为主，多设置活动的隔板，让衣物、玩具、书籍等用品都能摆放到其中，实现一柜多用。另外，考虑到儿童未来的成长，可以适当选购一些成人衣架。

在规划和设计空间时，需要紧紧抓住客户的需求和痛点，并一次做到最佳，不需要再进行二次空间改造，节约资源和时间。

三、整理空间就是整理生活方式

"整理的本质其实就是调节人、物品、空间三者的关系，通过对空间中物品的整理，重新审视自己的内心，明确当下的需求，找寻最适合自己的物品。"整理空间就是整理生活方式，整理师可以利用自己的专业知识为客户量身定制整理方案，帮助其优化生活方式，获得更好的生活体验。

电视台曾经播放过这样一个故事，在日本北海道，有一个10人大家庭，这10个家庭成员都非常肥胖。妈妈为了大家的健康考虑，通过电视台寻找减肥方法，谁料电视台却找来了一位专业的整理师对这个家庭进行重新整理，力求把这个家庭从"容易肥胖的一家"变成"容易瘦身的一家"。整理师来到这个塞满各种物品，差点连窗户都打不开的家之后，第一步就是清理不需要的物品，最后竟然清理出了四吨！整理师与一家人一起生活一段时间后，发现了他们的问题：首先，食物就放在手边，太容易获取，经常不注意就吃下去了；其次，家里的空调温度过高，阻碍了能量的消耗；最后，家里的椅子都是有靠背的，容易坐姿不良导致食物不易消化。对此，整理师给出了这样的建议：将食物收纳至指定位置，不能随意获取；调低家中的温度；将椅子换成无靠背的椅子，创造吃完自动起身运动的环境。经过专业整理师的调整和整理，这家人果然改变了一些不良的习惯，减肥事业也渐入佳境。

由此可见，整理师并不只是一份帮助或者指导客户如何折叠、收纳物品的工作，还要在沟通中了解、观察客户的需求和问题，结合客户的根本问题，再制订专业的解决方案，在帮助客户整理空间的同时也整理生活方式。

整理师的基本技能和操作要求

2021 年 1 月，人力资源与社会保障部向社会正式发布了一批新增的职业工种，其中就有"家政整理收纳师"一职，并归类在"家政服务员"这一项下。据人力资源与社会保障部的数据显示，在从业的整理师中，超过 40% 年收入达到 10 万元，更有整理师的年薪高达近百万元，而整理师的人才缺口还在不断扩大，甚至成为 2021 年"两会"热议的话题，整理师正受到越来越多的关注。有一些受到市场认可的整理师上门服务的单价更是超过了 10 万元，授课的费用更是达到了惊人的几十万元。这样可观的收入，让很多人对整理师这一职业充满了好奇。

一、什么是整理师？

在解释整理师之前，首先要厘清几个概念，分别是整理收纳、生活整理规划、收纳师、整理收纳服务、整理收纳教育、整理收纳师。

整理收纳分为整理和收纳，整理指的是对物品进行分类和取舍，使之有条理有秩序；收纳指的是对空间进行规划以及对空间中的物品进行分类、定位和摆放等。整理收纳是一项生活技能，并逐渐演化成为一种思维方式。

生活整理规划以生活为对象，对生活中的物品、空间等进行整理和收纳。

收纳师是将收纳作为主要工作，能够帮助客户分类、定位、摆放物品等，不负责复杂的方案制订和项目咨询等。

整理收纳服务主要指收纳师或者整理师提供整理收纳类的上门服务，通过个人或者团队的形式，帮助客户完成收纳整理，满足客户在收纳整理方面的相关需求。

整理收纳教育指的是整理收纳类的图书出版、内容讲座、教育培训、授课等，主要通过教育的方式输出整理收纳理念，帮助客户学会独立收纳整理。

整理收纳师又称整理师，能够通过与客户的交流，为客户提供专业的家居整理、收纳方案和服务的人士。整理师是懂得生活整理收纳技巧和规划，能够为客户提供整理收纳服务的专业人士。与普通的收纳师相比，整理师的要求更高，能够提供的服务项目也更多。

二、整理师的基本素养

整理师的日常工作并不只是整理物品和叠衣服，他们需要做的工作有很多，如整理前的沟通、诊断、做规划、写方案、准备物料、组织团队等；整理时的改造空间、整理收纳、物品陈列等；整理后的客户维护、总结复盘、撰写报告等。为此，整理师需要具备八项基本素养。

第一，对整理有极大的热情且不怕苦。

整理师的工作现场一般比较混乱不堪，或者堆满衣物，或者挤满杂物，普通人可能都不愿意在这样的空间多待一分钟，而整理师的工作就是日复一日地在这样的空间内帮助客户规划和整理。整理师如果对整理工作没有极大的热情且不具备耐心、不怕苦等品质，是没有办法坚持下去的。

兴趣是最好的老师，当人们对某种事物有了极大的热情后，就会忽略其带来的负面情绪，而更关注其中积极的一面。以整理师为例，如果整理师对工作有极大的热情，就会忽略杂乱物品带来的负面情绪，转而关注物品经过自己的努力变得整齐后的成就感和幸福感。

第二，具备诚实、责任心等品质。

客户能将自己的私人居所交给整理师来整理，就是认可整理师的专业素质以及对整理师团队充满了信任。在整理过程中，整理师极有可能在一堆物品中找到客户多年前丢失的金银饰品、丈夫的私房钱、被遗忘的红包等贵重钱物。发现这些物品时，一定要本着诚实、诚信的原则，将其交还给客户。此外，很多客户由于物品太多，根本记不清自己买过什么，即使这样，整理师在工作中也绝不可将这些物品据为己有。

除了诚实，整理师还应该具备强烈的责任心。整理是一项极其繁琐的工作，整理师在工作的时候一定要有头有尾，高效地完成约定好的工作，切勿在工作中敷衍、拖延，对待工作不认真，虎头蛇尾。整理师既然已经开始工作，就一定要本着高效原则，有质量有保证地完成约定好的工作。

第三，具有与人高效沟通与共情的能力。

很多人认为整理师主要是与物品打交道，很少会使用沟通等能力。其实不然，整理师在实际工作中有非常多的机会需要与客户面对面进行沟通。只有在第一次进入客户居所的时候，与客户做到高效沟通，才能尽早确定准确的方案，方便之后的实施。在整理过程中，可能遇到客户不满意或者不信任的情况，整理师要能够及时与客户沟通解决。

在为客户制订方案和计划的时候，整理师必须要有强烈的同理心，能够站在客户的角度帮助客户考虑问题，考虑这样做能够为客户带来怎样的便捷，这样的服务才能让客户获得更高的满意度。因此，整理师需要有强大的共情能力。

第四，具备专业系统的整理收纳知识。

整理师工作的挑战性在于，每次面对的客户和需要都是不同的，在这个过程中，可能出现各种各样的突发事件，需要整理师具备专业系统的整理收纳知识以应对这些突发事件，并根据客户的不同情况提供因地制宜的解决方案。

整理收纳知识不是一成不变的，不断会有新的理论和更好的整理方案出现。因此，整理师要有"空杯"心态，虚心学习新的知识。要根据实际情况制订学习计划，不断更新自己的知识库，以便为客户提供更好的服务。

第五，具备规划制图的能力。

整理师要为客户规划整理收纳方案，因此，要具备一定的空间规划知识，了解怎样的空间规划对客户来说最合理。在讲解和示意的过程中，不可避免地需要利用示意图向客户讲解，所以整理师还要具备制图的能力，无论是现场手绘还是电子绘图，都应该掌握，以便更好更准确地与客户沟通，准确呈现客户想要的效果。

第六，具备一定的心理学知识。

空间的现状在一定程度上是主人内心的反映。面对杂乱的空间，整理师要学会透过现象看本质，用心理学知识挖掘主人内心深处的需求，从根本出发，找到问题的症结所在，从而帮助客户制订更加合理的方案。

一个总是购买衣物却又不穿的人，也许在他童年的时候，经历过没有衣服穿的尴尬，所以等自己有经济能力后，就会通过囤积衣物的方式获得满足感。整理师可以在制订规划前对其进行心理疏导，让其了解并面对自己这种行为背后的心理问题。然后再通过宣讲一件衣服可能造成的污染来慢慢说服主人减少购买的数量。由此可见，整理师要具备一定的心理学知识，才能更好更从容地应对自己的工作。

第七，能够带领团队完成项目。

整理师的工作，不是单枪匹马就能完成的，需要组建一支整理团队。整理师在组建整理团队的时候，要注意根据客户的实际情况选择合适的团队成员。例如，客户需要整理的空间较大，而时间又很紧张，那么可以多配备一些人手，在人选上，可以选择有经验的人员一起前去，以便高效完成工作。

在实地整理时，整理师要注意为每个成员安排好工作，统筹协调好每个成员的工作内容，不要出现某些成员无所事事而某些成员却承担过多工作等不合理的情况。前者会让客户认为团队不专业，觉得自己花了冤枉钱，后者会让团队成员互相埋怨，从而影响团队的凝聚力。

第八，具备培训和演讲的能力。

除了以上提到的这些技能，还有一项整理师应该具备却总是被忽略的技能，即培训和演讲的能力。因为整理师在动手整理之余，还应该将积极健康的整理理念传递给更多的人，这样人们才能从思想和意识上接受整理，从而在行动上改变自己杂乱的生活。

整理师需要组织线下的整理收纳培训沙龙，完成培训课件的制作，带领学员学习更多关于收纳整理的知识。必要时，还要为观众做关于整理收纳的即兴演讲，以吸引更多大众了解整理师和整理行业。为了更好地完成这项工作，整理师需要具备培训和演讲的能力。

三、整理师的标准化服务操作

整理师的标准化服务操作包含五个方面。

物料

一般来说，整理师的上门服务分为两个步骤，第一次上门需要完成的步骤是空间诊断，即了解客户家庭的基本情况，对需要整理的空间进行调查、测量、评估等，并与客户详细商谈整理计划以及沟通其他一些注意事项。在这一步骤中，由于整理师并不进行整理工作，而是了解和分析客户的需求，实地测量整理空间的尺寸，为客户规划和制订整理方案。整理师需要携带的物料，包括用于测量的卷尺、激光测距仪，保护客户地板的鞋套，记录和绘制所用方格纸、笔等文具用品。此外，也可以准备一些用于勘测的装备，以适应复杂的空间。

第二次上门是与工作团队一起，这一步骤则要真正开始整理工作。这次要准备的物料与上一次相比更加详细、更加丰富。一般整理师在上门整理时都会携带一个大整理箱装入所需的物料。这些物料主要有防护套装、改造设备、收纳用品等。

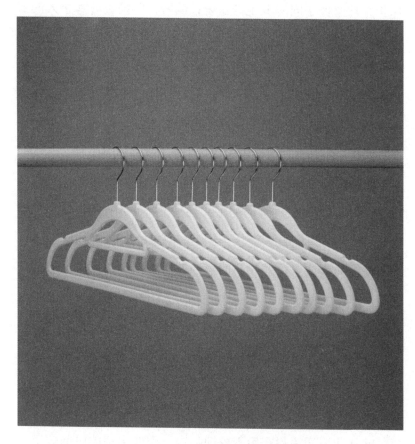

图 3-1 部分收纳用品

防护套装包括统一的着装、工牌、口罩、鞋套、手套。防护套装有三个作用，首先，为客户留下统一专业的印象；其次，保护客户整理空间的卫生与安全；最后，保护整理师个人的卫生与安全。

改造设备包括电钻、螺丝、角磨机等。很多客户家中的物品多且杂乱，并不是空间不够，而是收纳空间不合理。整理师在整理之前，需要按照沟通好的方案对收纳空间进行改造，使得收纳格局更加合理，同时又保证家居外观的美观。

收纳用品包括植绒衣架、抽屉柜、百纳箱、收纳箱、分隔盒、PP 板等。这些是整理师的秘密武器，可以使客户的空间更加整洁有序，同时人们的注意力还不会被这些收纳用品吸引。

整理师要注意这些物料的统一性和实用性，以便在服务时能给客户留下专业的印象，服务后能为客户留下实用的印象。

人员

整理收纳的从业人员需要满足从业资质和服务规范两个方面的要求。

首先，我们来说从业资质。

就从业资质来说，由于整理师这一职业出现的时间较短，我国目前还没有国家认定的职业技能标准和从业资格证书。

国内整理师的从业资质一般都是由培训公司或者工作室自己颁发的，依靠的是培训公司或者工作室自身的影响力建立起来的行业标准，这种证书相当于结业证书。证书的影响力和认可度与培训公司或者工作室的影响力和认可度紧密联系在一起。整理从业机构设有专门培训职业整理师的课程，课程内容涵盖了行业进阶、衣橱管理、全屋整理、空间规划、亲子整理、形象管理、搬家管理等不同的内容模块，可以为那些想要成为职业整理师的人提供优质的培训服务。

还有一些人持有日本、韩国等国外机构颁发的整理师资格证书，尤其在日本，有很多机构都能颁发整理师资格证书，在国内也有一些机构代理日本的整理师品牌，可以颁发其整理师证书。这种证书的接受度不一，水平也参差不齐。

想要成为整理师的朋友可以选择其中一种作为入行的资质。但不论选择哪一种，都应该记住，对于整理师来说，最重要的是沟通能力、洞察能力、规划能力以及家居美学的感受能力等，切不可因为急于取得行业资质而忽略了这些能力。

其次，是职业道德规范。

整理师在为客户服务的时候，应该遵守基本的职业道德规范。2018 年 5 月，由中华专业整理师联盟（CAPO）发起的"第二届中国整理师大会"在上海召开，现场发布了中国整理师职业道德标准票选结果，经由上海市普陀公证处对系统投票数据进行保全公证。主要有以下 15 条标准。

• 尊重客户的人格、权利、习俗，不干预、不评价客户的家庭日常生活。

• 严格保护客户的个人信息及隐私，在未经允许的情况下不使用、不泄露客户的信息及隐私。

· 不索取、不接受、不擅自拿取客户财物，不拿取、不接受客户丢弃的物品。

· 平等尊重，尊重客户的不同性别、年龄、职业、民族、国籍、宗教信仰和价值观。

· 遵纪守法，诚实守信，不欺骗客户，不做虚假宣传。

· 整理师在与客户建立咨询关系之前，必须让客户了解整理咨询的工作性质、工作特点、工作局限性以及客户自身的权利和义务。

· 与其他整理师保持公平、诚实的合作关系，保持尊重和礼貌，正确处理同行、同事间的关系。

· 尊重他人的知识产权，引用相关信息时需征得同意并注明出处。

· 不诋毁或恶意评价其他从业人员。

· 爱惜客户物品。

· 价格公平合理，信守约定。

· 用正当途径获得业务，拒绝不正当竞争。

· 当整理师认为自己不适于对某个客户进行咨询或服务时，应向客户做出明确说明，并且本着对客户负责的态度，为其介绍合适的整理师。

· 整理师在对客户进行服务时，应与客户对工作重点进行讨论，达成一致意见，并与客户达成协议。

• 保护环境，不破坏或污染自然环境。

管理

在管理方面，要做到工作流程的规范管理及对平台的统一管理。

我们首先来说工作流程。

整理师的工作流程可以分为两部分，第一部分是第一次上门时的空间诊断，第二部分是第二次上门时的整理服务。

在做空间诊断过程中，要与客户进行深入沟通，了解客户的需求和痛点，清晰记录客户居所的空间格局和物品数量，以及是否有改造的需求，是否有替换或添置收纳用品的需求等。

随后，返回工作场所与整理团队开会，研究制订执行方案，准备所需的物品，并与客户确认方案和上门服务的时间。

以上工作完成后，到与客户约定好的时间就可以上门进行整理服务了。在为客户提供整理服务的时候要遵循四个步骤。

第一步，清空。先把所有物品都拿出来。清空时要注意，贵重物品和易碎物品要轻拿轻放，清空时动作要轻，要充分体现对客户物品的尊重。

第二步，分类。对所有的物品进行分类，这是整理师的专业所在。我们自己整理时，一般会遵循"使用方便"这一原则进行归类，不会进一步做细致的分类。但整理师在为客户分类时，却要遵循"分类越细致越好"的原则，这样可以方便后续的操作，

图 3-2　清空后的衣橱

也能加快整理的速度。以服装为例，先按照家庭成员，再按季节进行大概的分类。按照季节分好的衣服，再按照不同类别细分，比如分成运动装、休闲装、职业装、礼服等。将同类物品分类放置在一起后，每一类物品贴上标签，方便寻找。当然，分类工作完成后，还需要让客户进行筛选。

第三步，收纳。根据前期空间诊断的方案，整理师可以根据客户的使用习惯和物品的实际情况进行收纳。在这个过程中，客户最好在现场，以便及时与客户确认细节，确保规划改造后的效果符合客户的期望和使用习惯。

第四步，归位。归位是整理的最后一步，即把分类整理好的物品按照规划好的空间放置好并做好标识定位。在整理完成之后，还要对客户进行整理后物品的复述，引导客户养成"从哪里拿再放回哪里"的好习惯，这样后期就会减少出现复乱的现象。

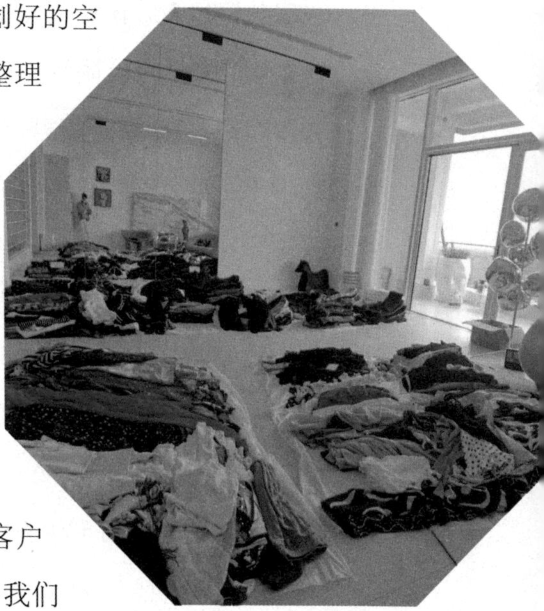

其次，我们再来谈谈管理平台。

管理平台指的是用于管理客户订单和整理师操作流程的平台。我们举例来说，目前整理师的相关订单都

图3-3 完成分类的衣服

是在某些专业平台的小程序中完成的。当客户有整理需求时，可以在小程序中选择适合自己的项目，如空间规划、衣橱整理、陪伴式整理等，然后再根据自己的实际需求下单。小程序后台接到订单后，会根据客户的需求为其派单。当订单完成后，客户直接在小程序中付款即可。这样做可以避免整理师与客户之间的私人收付款行为，一旦客户对订单产生疑问，可以在平台上进行申诉。设置管理平台更有利于保证整体服务流程的规范性，体现整理机构的专业性和科学性。

客户

对客户来说，最关心的莫过于两件事——价格和效果。因此，在服务过程中应该规范报价体系，强化服务效果。

首先我们来说报价体系。

许多客户不愿寻求整理师的帮助，很大一个原因是对整理师的报价不了解，总认为整理师在漫天要价。事实上，整理行业确实还存在不规范的地方，由于报价没有统一的标准，有些整理师就"看人下菜碟"。这些都是不好的现象，会引起客户的反感，从而破坏人们对整理收纳行业的印象。整理师最好设置透明、清晰、合理的报价体系，让客户对价格一目了然。

其次是服务效果。

服务效果是整理师工作成果最直观的体现，也是客户最关心的部分。整理师除了要按照要求和流程进行整理之外，还要不断强化服务标准，精进技能，力求达到最佳的服务效果。这就要求整理师必须要抽出时间学习，并不断提升自己，还要多与同行进行交流，多在工作中总结经验，以便呈现更好的服务效果。

视觉

视觉即呈现给客户的形象。每一位整理师都代表着个人和企业的形象，因此在上门服务的时候，一定要身着统一的工装、手套、鞋套、口罩等，以便给客户留下专业的印象。同时，在工装和其他物料中，可以带有企业的标识，在为客户服务的同

图 3-4　身着统一工装的整理师团队

时也要做好企业的品牌宣传工作。当然，最能体现企业形象和品牌形象的就是整理师的专业服务。

作为企业，要制订统一的企业品牌形象，同时也要积极参加市场推广和宣传活动。将企业作为一个品牌去经营，让整个品牌形象深入人心，家喻户晓。

整理成果的可维护以及可持续性

整理成果是否可维护及可持续是检验整理师是否达到预期效果的关键因素。因此，整理师要将打造动态生活中易于维持的收纳体系作为整理的主要目标。

一、整理师的角度

对于整理师来说，要使整理成果可维护及可持续可以从以下三方面出发。

第一，拉长规划战线。

整理成果的可维护和可持续需要科学的规划来做支持，为此，整理师在前期需要进行大量的实地测量、沟通及观察，还需要专业的整理知识来支撑。只有这样才能符合客户的性格，满足客户的个人喜好，在此基础上为其设计适合的方案，可以保证整理结束后客户能够方便地取用物品，不容易复乱。

有一些客户衣柜乱的原因是选择衣服时没有主见，总想着每一件衣服都试试，结果每天花很多时间来搭配衣服，但是每次试完衣服，就将其丢在一旁，不再整理。整理师可以建议客户将衣服按照被穿的频率从高到低分类，将频率高的单品放置在最显眼最容易拿到的位置，而将不常穿的衣服放置在高处，即不容易拿到的位置。再按照周一至周日，提前搭配好衣服，这样就可以随穿随取，不会花费太多时间在试衣服上，从而避免衣柜的复乱。

第二，帮助客户建立整理收纳体系。

"授人以鱼不如授人以渔"，保持整理成果的可维护以及可持续性最好的方法是帮助客户建立整理收纳体系。很多整理师烂熟于心的基础整理理念，客户却不一定懂得，整理师在与客户沟通的时候，可以先从思想观念上影响客户，让客户先有整理收纳的概念。再通过全屋布局整理收纳体系，让客户所有的物品都能够合理地放置。从思想和行动两方面来影响客户，这样，即使整理师的整理工作完成之后，客户在独自面对整个空间时，也能够按照整理师的整理理念来进行实践，能够将使用后的物品放回原处，从而保证空间的整洁。

此外，整理并不是"一锤子买卖"，整理师需要与客户保持良好的关系，当客户在整理收纳方面有问题时，及时为其解答，让自己从一次性服务的整理师发展成为客户家居生活的整理规划顾问。

第三，站在客户的角度考虑问题。

不论是前期的规划设计还是后期的实际整理，整理师都要牢牢记住"这是客户的空间，不是自己的"。因此，在实际工作中，要站在客户的角度考虑问题，而不能以自己的实战经验或者使用体验为出发点。如果客户与家人共享空间，还应该将家人的想法也考虑在内，以一个家庭的视角去考虑问题，考虑他们在后期的动态生活中，家中的物品怎样取用更加方便，动线怎样设计更加合理，凌乱后怎样整理能最快复原等。

二、客户的角度

如果将整理成果比作造房子，那么整理师的工作就是打地基，搭好基本的钢筋水泥框架。房子的外观究竟会是什么样子，还要看客户日常的维护。对于客户来说，要使整理成果可维护及可持续要从三点出发。

第一，提升自己的决策力。

在整理师将所有的物品清理出来的时候，需要客户决定这些物品的去留，在短时间内集中地做大量决策，有助于客户提升自己的决策能力。同时，在筛选物品的过程中，能清楚直观地明白自己最珍视的物品是哪些，最不舍得丢弃的物品是哪些，哪些物品最适合自己，哪些物品是自己最需要的。当客户对这些问题都了解清楚之后，在以后的生活中，面对一堆杂乱的物品，也能"当机立断"，对物品的去留做出及时处理。这样，客户就不会因为犹豫而囤积一堆自己并不需要的物品。

第二，维持整理后的舒适感和幸福感。

整理后的空间和整理前的空间反差非常大，整理后整洁的空间能给人带来极大的舒适感，能让人拥有极大的幸福感。客户要强化这种舒适感和幸福感，从而在之后的生活中养成良好的生活习惯，不轻易改变现有的整齐、舒适的格局，维持这种舒适感和幸福感。

第三，改善购物习惯。

通过整理，尤其是将所有物品清理出来的时候，客户能够非常直观地感受到自己拥有多少物品，自己平时的购物习惯造成了多少物品闲置和多大的资源浪费。整理后能够因此改善购物习惯，只买自己需要的，买入一件物品就丢弃一件不需要的物品。这样就不会有超量的物品进入自己的空间，不需要为新买的物品腾挪太多的空间，空间也就不再容易复乱。

05

整理专业化服务的价值亮点

整理专业化服务的价值亮点有很多，最为客户所称道以及最能体现整理价值的有两方面，一是空间在规划后能带来物品秩序的合理性，二是客户可以享受物我相宜的自在舒适生活。

一、规划后带来的物品秩序合理性

在规划整理后，空间内的物品呈现出很强的秩序合理性，是整理专业化服务的首要价值亮点。物品秩序的合理性指的是空间中物品的内在逻辑要清晰合理，这就要求整理师不要过于追求瞬间的整洁，而应该追求空间物品整体秩序的合理性；还要求整理师具备整体意识，不能只追求局部的整洁效果，而应该追求整个空间的整洁效果。

首先，不要过于追求瞬间的整洁效果。

目前，有很多整理师和整理机构在为客户服务的时候，为了突出前后的强烈对比效果，往往会过于追求空间瞬间的整洁效果。这本身并没有错，然而，过于追求瞬间的整洁效果，往往会牺牲一部分物品的秩序合理性。例如，在进行冰箱收纳的时候，很多整理师为了让整体的效果呈现得更美观，会过量使用收纳盒，将原本随用随取的物品也一起放进了收纳盒，这样整理完之后的效果确实很好，所有的物品都放进了收纳盒中，收纳盒在冰箱中摆放得整整齐齐，完全没有不规则的地方。然而，等冰箱主人开始使用的时候，却会发现问题太多了。首先，物品拿取变得非常不方便；其次，日常中多了清洗收纳盒的工作，生活变得更加麻烦了。

　　这种牺牲物品内在秩序合理性的整理，并不会带给客户好的体验，反而在进入实际生活场景之后，会发现种种不合理之处，转而责怪整理师不专业。因此，整理师在为客户提供整理服务的时候，不应该过分追求瞬间的整洁效果，而应该以客户的日常生活习惯为基准，关注物品背后的逻辑性和秩序性。我们还是以冰箱整理为例，好的整理师不需使用大量收纳盒，整理后的效果也不会有那么强烈的反差对比。但冰箱内物品确实变整洁、取用方便了，客户在实际使用的时候，可以随用随取，一些不常用的物品也能快速定位找到，即使半个月不怎么整理冰箱，冰箱依旧是整齐的。

　　其次，不要只追求局部的整洁效果。

　　很多整理师有轻微的"强迫症"，非常执着于某个局部的整齐，不把这个小空间整理好誓不罢休。当然精益求精是一种很好的品质，然而，如果整理师面对的是一个大空间，那么这种"执着"就有些考虑不周了。因为整理师在完成整理工作后，要达到的是全空间的整洁和秩序的合理，而不只是局部某个空间的整洁和秩序的合理。例如，一些客户的要求是对全屋进行整理，也许客户家中的衣橱最乱，是最需要整理的地方，整理师也花了很多时间将衣橱整理得非常整齐，秩序合理，外观整洁。然而却对家中的其他空间一扫而过，客厅和书房几乎没怎么整理，除了表面的整洁外，没有使物品的内在秩序变得更合理。这样的整理结果就不是合格的，也不能将其交付给客户。

要想达到全空间的整齐和使用合理性，就要求整理师在前期规划和设计时要有全局意识，在做前期规划设计工作的时候，要与客户就生活习惯进行详尽的沟通，了解其生活行动路线，针对现有收纳情况的诉求做出相应方案，这需要整理师花大量的时间做前期规划工作。在整理时，要按照所做的规划一步一步落实，遇到问题，及时与客户进行沟通。要有大局意识，合理安排各个区域的时间，对各个区域一视同仁，将整理工作做到尽善尽美。

二、享受物我相宜的自在舒适生活

整理的唯一目的就是让客户拥有更好的生活，为客户带来物我相宜的自在舒适生活，这正是整理专业化的价值亮点所在。整理后，不论是整理师还是客户，都应该明白，整理是为了让人不受物的束缚，从而过上自在舒适的生活。切不可本末倒置，为了维持物品的形态却让生活在其中的人束手束脚。

首先，整理是为人服务而非为物服务。

由于整理师一直整理的都是物品，时间久了，就会产生一种为物品服务的错觉。在整理中，总是以物品的尺度来改造空间，以物品的形态来要求客户养成习惯。其实这是一种本末倒置的行为。之所以要对物品进行整理，就是为了让居住在其中的人生活得更好，整理是为人服务，而不是为物品服务的。因此，整理师在整理时，要以生活在这个空间中的主人为尺度去改造空间，用主人的生活习惯来调整物品的摆放位置。

很多客户看到空间在整理师整理后变得整齐有序时，经常脱口而出的一句话就是"哇！太整齐了，我都不敢动了"。把这样的话当成赞美当然没有问题，但是如果真的变成之后的生活准则难免有些本末倒置。就像在甜品店看到造型精美的慕斯蛋糕没有必要忍着不吃一样，看到整理完之后整齐有序的空间也没有必要不敢动。总之，整理是为人服务而非为物服务。

其次，整理的目的除了美观还有舒适。

整理后环境变得赏心悦目，居住者在这样的环境中也会变得更加自在舒适，这两者缺一不可，共同构成整理的目的。无论物品多少，空间大小，整理的目的在于居住者在空间中可以完全放松自我。整理后，客户的生活可以变得有条不紊，不需花费大量时间寻找物品，不用费力去翻找物品，打扫整理也变得更容易。

第四章
"中式生活美学"整理术

　　整理收纳"黄金四步法"：清、分、收、归，另外我们还含运用到现代中国人居室的"十大空间"整理术：卧室、儿童房、书房、玄关、客厅、厨房、卫生间、库房、办公室、集体宿舍。

　　通过规范复杂的多空间整理，让整理的每一步都有章可循。

空间整理术之卧室——私密空间

卧室，是人们平时待得最久的空间，整齐的卧室可以让人心生愉悦，享受更好的生活品质。在整理卧室的过程中，最重要的是衣柜的收纳整理。因为衣柜占据了家中很大的收纳空间，几乎所有的衣物都是收纳在衣柜之中。此外，还有床体、床头柜、飘窗等，也占据了一定的收纳空间。

一、衣柜的整理收纳

关于衣柜的整理收纳，我们主要介绍两部分，第一部分是对衣柜的规划设计，这个步骤既可以在房屋装修前完成，也可以邀请整理师上门改造；第二部分具体介绍衣柜应该如何收纳整理。

第一，收纳走在装修前。

有句话说得好，"收纳走在装修前"，也有人认为，70%

的衣柜收纳问题，都无法用收纳技巧来解决，这些说的都是合理规划衣柜的重要性。因此，应该尽量在装修前对衣柜空间做出合理的规划，如果入住后发现衣柜的缺陷太多，不得不改造，也可以邀请整理师上门改造。对衣柜进行合理规划后，可以在以后的生活中高效地做好收纳工作，拥有整洁的空间。

在定制或者改造衣柜时，要注意以下几点。首先，衣柜中的隔板尽量做成活板，不要做成死板，这样有利于自由调节高

图 4-1　整理好的衣物

度空间。其次，衣柜最好以悬挂式为主，整理收纳中，有一条关于衣柜收纳的不成文规定——"能挂不叠，减少层板"。

接着再考虑衣物是长款多还是短款多，如果是长款比较多，可以多设计一个长衣区，这个区域一般高1.4~1.6米。如果是短款多，比如T恤或者西装，那么可以多设计一个短衣区，这个区域一般高0.9~1米。如果还需要把裤子挂起来的话，建议将这个区域的高度设置为0.7~0.9米。能挂起来的衣物尽量都挂起来，这样可以尽可能多地利用空间。如果实在没有地方挂，也可以善用一些收纳工具，比如收纳抽屉等，这样可以减少层板的数量。

第二，衣柜的整理方法。

在整理衣柜时，可以按照"黄金四步法"来进行收纳整理。

第一步，清空。将衣柜中所有的衣物，包括抽屉中的物品全部都清理出来。

第二步，分类。将清理出来的衣服按照季节、类型等进行基本的分类。在分类的过程中，如果衣物实在太多，可以引导客户适当舍弃一些不需要、不喜欢的。再将一些不经常穿，但又舍不得丢弃的单独放在一起，给自己一年左右的时间过渡，如果真的不需要，再拿去捐赠或者送给别人。分类要越细越好，这样更有助于接下来的收纳。

第三步，收纳陈列。将分类好的衣物进行收纳陈列。把衣物收纳进衣柜中的时候，要遵循"能挂不叠"的原则，将能挂起来的衣物尽量都挂起来。可以将衣柜的挂衣区进行分类，如

图 4-2　衣物按颜色渐进的原则悬挂在衣架上

图 4-3　衣物按颜色渐进的原则悬挂在衣柜中

分为黄金区、长衣区和短衣区。黄金区就是站立状态下不用踮脚也不用蹲下就能拿到衣物的区域，一般悬挂常用衣物。长衣区和短衣区分别指悬挂长款衣物和短款衣物的区域。在悬挂衣物时，先筛选当季常穿的衣服，剩下的按照长短分类。最后再

图 4-4　抛物线悬挂衣物，衣柜下方放置收纳盒

将衣物按照颜色渐进或长度渐进的原则进行悬挂。

　　如果衣柜的空间不够，无法划分出过多的区域，那么就要按照抛物线的形状来悬挂衣物，即由左至右，由长到短，将长款衣物挂在两边，短款衣物挂在中间。这样，还能在悬挂的衣物下方预留一些位置放收纳盒。如果空间足够，且衣服又比较多，也可以用伸缩杆，区分上下层挂衣区。

　　衣柜的抽屉区适合放置一些小件的衣物，如袜子、背心、内衣裤等。在进行抽屉收纳时，要注意先用收纳盒或分隔盒划分区域，再将衣物叠放好，整齐地码放在一起。能竖的衣物放尽量不要平铺。将不太常用的衣物放置在抽屉里面的位置，将常用的放置在外面，这样拿取更加方便，也不会使抽屉变乱。

　　衣柜收纳需要注意，尽量保持衣柜中衣架和收纳盒的统一性，这样使衣柜看上去整齐统一。即使衣柜已经整理得很整齐了，但是颜色杂乱的衣架和形状不一的收纳盒仍然会让衣柜看上去乱糟糟的。

　　第四步，归位定位。将收纳整理好的衣物按照事先规划好的区域放置回衣柜。一般来说，顶柜可以放置过季的衣物和不常用的棉被等，中间的黄金区域放置常用的衣物，下方放置当季的衣物，底层则可以放熨斗、吸尘器等常用电器。

图 4-5　内衣整齐地放置在收纳盒中

图 4-6　袜子整齐地放置在收纳盒中

二、卧室其他空间的整理和收纳

除了衣柜，卧室整理还包括床体、床头柜、梳妆台等。这些也是非常容易凌乱的地方，但整理利用得当却能收纳不少物品。

第一，床体的整理和收纳。

床体包括床面和床底。床面的整理主要是使床单和被套整齐干净，床上不要放置多余的衣物或者其他物品，床单被套要勤换洗。有些床是箱体床，那么床底可以直接作为柜子用来收纳、放置一些不常用的物品，如过季的棉被，闲置却又不愿意扔掉的婴儿玩具等。由于箱体床的开取不方便，因此可以把家中最不常用的物品放置在里面。有些床不是箱体床，但是床底也有一些空间，那么可以放置尺寸相似的收纳盒，在收纳盒中放置物品。这样一来，家中的收纳空间就会扩大很多，原本散落在外的物品也有了去处，整个家看起来整洁不少。

第二，床头柜的整理和收纳。

由于没有清晰的定位，床头柜经常会变成杂物柜，打开抽屉，里面的物品各式各样，有驾照、身份证、发票、针线盒、快递袋、明信片、数据线、面膜、眼镜……而床头柜上面更是堆满了纸巾、衣物、水杯、钥匙等杂物。

整理师在整理床头柜的时候，首先要将床头柜中的物品重新收纳归位。例如驾照、身份证等放置在家庭档案袋中，发票、

图 4-7　床底空间放置不常用的物品

图 4-8　床底空间放置不常用的物品

明信片放置在书房的收纳盒中，针线盒放在衣柜的收纳盒中，面膜放到卫生间，快递袋、眼镜等如果没有用了就丢掉……就这样将床头柜中的物品分门别类放置到正确的位置。接着再重新对床头柜的作用进行定位——放置一些睡前用到的物品，如少量的书籍、充电线、纸巾、水杯等。在进行床头柜收纳的时候，要遵循"柜面上尽量不要放物品"的原则，把能收纳到抽屉中的物品都收纳进抽屉里。抽屉中的小物品可以用分隔盒隔开，使整个床头柜看起来整齐整洁。

第三，梳妆台的整理和收纳。

对很多女性来说，梳妆台和衣柜一样，是收纳整理的"重灾区"。受消费主义影响，很多人买了太多的化妆品和护肤品，导致梳妆台一团糟。由于护肤和化妆用到的物品特别多，每次化完妆，梳妆台上就一片狼藉，不管怎么整理第二天仍然乱成一片。整理师在对梳妆台进行整理收纳时，可以采用清空、分类、筛选、收纳、归位定位的方式对梳妆台进行整理。

第一步，清空。将梳妆台中所有的物品都取出来。

第二步，分类。将梳妆台上的物品分别按照彩妆、护肤品、化妆工具、饰品等进行大概的分类。

第三步，筛选。将大概分类好的物品按照喜欢的程度分成最喜欢、一般喜欢、不喜欢等，再查看物品的保质期，将过期变质的物品丢弃。对于那些在保质期内但是不喜欢的化妆品，可以送给朋友或者放到二手交易网站上售卖。

图4-9 化妆品整齐地放置在透明收纳盒中

第四步，收纳。按照刚才的分类划分梳妆台的区域，大概可以分为彩妆区、护肤品区、工具区和饰品区。分类后，巧用收纳盒，如彩妆可以选择透明的分层收纳盒，将其放置进去后不仅一目了然，拿取方便，还有防尘的作用，使物品更具质感。

首饰可以放在避光的首饰整理盒中，避免因潮湿和光照而氧化。

　　第五步，归位。按照使用频率，将经常使用的物品放置在桌面或者易拿取的抽屉中，将不经常使用的物品放置在低处的抽屉或者柜子的深处。

三、卧室的友善布局

　　床是卧室中最重要的组成部分，建议有条件的家庭将卧室中的床摆成传统的南北朝向，床头一般不对着大门，也不会放在门侧，这样可以保证居住者有安静的睡眠环境，不会被清晨的阳光或者门外的嘈杂声影响。另外，床也应该避免放在横梁下，横梁会对人产生压迫感进而影响睡眠。床头最好紧贴着墙壁，不要留有空隙，这样让人更有安全感，如果家中有婴幼儿也能避免出现意外。床底保持清洁，尤其是湿气比较重的南方地区，床底的清洁更有利于卧室环境的卫生。

　　床头柜尽量成双摆放，方便左右两侧的人放取物品。梳妆台或者衣柜中的镜子最好不要对着床。

　　卧室中不要摆放植物或者鱼缸，因为夜间植物会停止光合作用，植物与动物都要呼吸，这样就会与人争夺氧气，不利于居住在其中的人的健康。另外鱼缸中的水会蒸发，植物会进行蒸腾作用，从而向空气中释放大量的水分，如果在潮湿的地区，空间会变得更加潮湿。同时，卧室中也不要放置过多电器，如

图4-10 整理后的卧室让人心情愉悦

果不得不放置电器，那么在入睡前最好将这些电器关闭。因为工作状态的电器，会发出噪音，而且还会产生一定的辐射，再加上常亮的指示灯，容易影响睡眠质量。

空间整理术之儿童房——成长空间

儿童房的整理收纳几乎是所有空间收纳中最难的，儿童的玩具多、书本多、衣物多，而且这些物品都是小件的。有时候家长花了大半天的时间好不容易整理好，不出半天就恢复原状了，而且有可能变得更乱。然而，如果放弃整理，儿童长期在这种乱糟糟的环境中生活，对其成长非常不利，容易养成注意力不集中，做事丢三落四的习惯。关于儿童房的整理收纳，可以分成三个步骤。

一、重新规划布局空间

考虑到儿童的生活习惯，在儿童房中，可以规划阅读区、玩具区、休息区等区域。

第一，阅读区。

在儿童成长过程中，阅读是必不可少的。因此，儿童房中一定要设置一个阅读区陪伴儿童的成长，所以要做好书本收纳的准备和规划。可以在房间的一角放置一个与儿童身高相仿的书柜，再在旁边摆放一张小书桌，也可以直接在地上铺上地毯、垫子设立阅读区。这样的设置可以让儿童随时从书柜上取书，然后席地而坐，沉浸在阅读中。考虑到儿童的图书多为绘本，异形开本较多，可以放置杂志架作为收纳书柜。

在儿童房中，可以在角落放置一个置物架，引导孩子将他的书本、毛绒玩具等放置在那里，再装饰一些小彩灯等元素，将原来普通呆板的小角落改造成一个温馨的阅读角。让孩子在温馨舒适的环境中愉快地阅读，同时养成整理物品的好习惯。

第二，玩具区。

玩具是儿童房中最多的物品，随着孩子的成长，动手能力和肢体控制能力也逐渐增强，对玩具的需求慢慢改变。小时候喜欢的玩具随着孩子的长大就不再需要了，家长要定期对孩子的玩具进行更新淘汰，尤其是不符合孩子年龄特征的玩具和已经损坏的玩具，要优先淘汰。损坏的玩具直接丢弃，不符合孩子年龄特征的玩具可以送给有需要的亲戚朋友或者捐赠。家长一定要注意，不要独自处理孩子的玩具，可以跟孩子一起，慢慢引导孩子放弃这些不再需要的玩具。例如，为孩子举办一个玩具告别仪式，或者带着孩子亲自将不需要的玩具送给有需要的人。只有尊重孩子，让孩子对自己的物品有认同感，他才能认同家长的意见，并与家长一起动手整理自己的物品。

在儿童房中设置一个玩具柜是非常有必要的。玩具柜就摆放在玩具区里，高度最好与孩子身高相适应，这样孩子可以自己拿玩具，自己整理。玩具柜最好有多个小格子的，每个格子收纳一种类型的玩具，并在每个格子上贴上玩具的类型、颜色等标签，方便拿取和收纳。

玩具区还可以增加一些有新意、趣味性的收纳用品，这更能激发孩子的兴趣。例如，在墙面上设置一个不规则的、高低不同的收纳搁架，引导孩子将最喜欢的玩具放置在上面展示。这种富于变化的收纳空间会让收纳充满乐趣，也能激发孩子的探索精神。

第三，休息区。

儿童房中休息区的收纳主要是衣柜收纳和床体收纳。与成年人的衣柜不同，儿童的衣柜在选择材料时，更应注重板材的环保性。一般来说，六岁以内的孩子比较注重衣柜的外观和色彩，因此可以选择颜色较为丰富的衣柜。在衣柜中，还可以为玩具等物品预留一部分位置，以便孩子将玩具区放不下的玩具放置在衣柜中。六到十岁的孩子，已经养成了阅读的习惯，阅读区的小书柜已经不能满足他的需求，可以将衣柜和书柜联合设计，增加图书的收纳空间。十岁以上的孩子已经形成了独立思考的能力，有了自己的想法，不想要过于幼稚的空间，因此在选择衣柜和床体时可以多考虑孩子的意见，颜色以纯色为主。

图 4-11 儿童房中收纳好的玩具

在定制衣柜的时候，要科学设计衣柜，在尺寸上没有一定的标准，如果空间允许，考虑到孩子以后的成长，可以将衣柜做得大一些。但要根据孩子的身高、手长等设置可以移动的收纳层板、挂杆和层架等。这样，即使孩子长高了，也不需频繁地更换衣柜，只需要变动衣柜内部的格局即可。

在对衣柜进行功能区分区时，可以多做一些抽屉，因为儿童的小件物品多，抽屉的使用频率非常高，衣物和玩具都非常适合放进抽屉中。此外，在休息区可以多增加一些儿童自己就能使用的收纳家具。例如，衣柜的底部增加几个可以直接拉开的抽屉，方便孩子自己把玩具收纳进抽屉里。这样在增加收纳空间的同时，也增添了空间的趣味性，而且还能激励孩子自己选择衣服，自己收纳衣物。

孩子的床体可以做成榻榻米式，这样能增加收纳的空间。同时，榻榻米还能与书桌、书柜等连成一体，增加空间的趣味性和收纳容量。

二、整理收纳实操

儿童房的整理和收纳主要包括儿童玩具的整理和收纳、衣物的整理和收纳以及书籍的整理和收纳。

第一，玩具的整理和收纳。

现在的孩子最不缺的就是玩具。由于孩子的自制力较差，见到有趣的玩具就想购买，而家长也有能力满足孩子的要求，随着孩子慢慢长大，每个阶段对玩具的要求都不一样。因此，孩子生活空间中的玩具越来越多，有的孩子的玩具甚至能堆满一屋子。在进行玩具收纳的时候，可以遵循四步。

第一步，清空。将孩子所有的玩具都清理出来。

第二步，分类。将孩子的玩具进行大概的分类，首先分为需要的和不再需要的，不再需要的包括破损的、不适合当前年龄段的、不再喜欢的。对玩具进行分类的时候，可以邀请孩子一起参与进来。最后，将不再需要的玩具处理掉，只留下需要的玩具。再对需要的玩具按照类型进行分类，可以将玩具分成拼图积木类、玩具车类、人偶类、毛绒玩具类、图画类等。

第三步，整理。将分类好的玩具进行整理。

拼图积木类的玩具最怕丢失零件，因此可以将每一组拼图或积木进行编号，放置在不同的盒子中，防止相互混淆或者零件丢失。

玩具车是小男孩最喜欢的玩具，几乎每个小男孩都拥有好几辆大小不一的玩具车。我们可以专门为大的玩具车建一个"立体车库"，如在儿童房中安置"井字型"搁架，收纳玩具车的同时，还可以将其作为展示。小的玩具车可以一起放置在整理箱中，同样要贴好标签做好登记，方便日后寻找。女孩喜欢的人偶类玩具也可以按照同样的方法整理。

图 4-12　分类的儿童玩具

图 4-13　摆放整齐的玩具车

不论是男孩还是女孩，家中都会有毛绒玩具。这样的玩具看起来非常可爱，实际上却很占空间，如果收纳不当的话容易沾满尘土或滋生螨虫。对于这类玩具，要注意定时清洗，同时那些暂时不需要的，可以将其放入百纳箱里，再放入衣柜中。喜欢的可以将其摆在展示架上，或者放在床边陪伴小朋友。

小朋友平时画的画和做的手工非常有纪念意义，也需要放置在专用的收纳袋或者收纳盒中保存好。由于这些物品平时很少拿出来使用，可以放置在较高的格子上或者榻榻米的地柜中，把日常使用频率更高的物品放置在拿取方便的位置。当然，现在更提倡把物品电子化，即把这些物品拍照留存。

第四步，归位。将整理好的玩具放置在相应的位置上并做好标识。

第二，衣物的整理和收纳。

儿童的衣物和大人的不同，首先体积小，很多衣物直接折叠放置在抽屉中即可。儿童身体长得快，一般一件衣服只能穿一到两年。因此，要及时整理儿童的衣柜，将太小的衣物归置在一起，选择丢弃、送人或者捐赠。也可以放在不常用的收纳区域，将来留给弟弟妹妹穿。

在收纳衣物时，先将外套和连衣裙等不适合折叠的衣物整理出来，按照抛物线型挂在挂衣区，如果还有空间，可以把上衣、裤子挂上。其余的如袜子、内衣、帽子等分好类，分别放置在不同的抽屉里，抽屉内可以用隔板隔开，使其看上去更加整齐。

图 4-14　摆放整齐的毛绒玩具

抽屉外还可以贴上标签，这样找寻时会更方便。

第三，图书的整理收纳。

孩子的图书收纳和成年人的书房收纳有些不同，孩子的书以绘本居多，并且有分级标准，随着年龄的增长，一些书就显得过于"幼稚"，不再适合时时翻看。因此，在整理图书之前，先将所有的图书清空出来并进行分类，可以分为不会再看、偶尔会看、经常看这三类。将不会再看的图书放置在收纳箱中，或者捐赠；将偶尔会看的图书放置在书柜中；将经常看的图书放置在书桌上，可以在书桌上再设置一个小的书架，以便孩子随时翻看。

另外，如果孩子的图书实在很多，也不舍得捐赠，可以将成年人书柜中最下面的一两层让出来使用。这样既让孩子的图书有了好的收纳位置，也可以培养亲子共读的氛围。

三、让儿童养成整理收纳的习惯

其实，与其花费大量的时间帮助孩子收拾房间，不如培养孩子自己收拾房间的好习惯。家长平时在帮助孩子整理房间的时候，可以邀请孩子一起整理。这样，既可以让孩子知道家长的辛苦，又能在他们心中形成整理收纳的概念。家长可以在日常生活中引导孩子，例如，告诉孩子收纳柜就是玩具的家，和玩具玩耍后要让它们回到自己的家，要不然在外面它们会不开

图4-15 与孩子一起整理玩具

心的。然后带孩子一起将玩具"送回家"，这样就完成了基本的收纳整理动作。

孩子在一开始学习收纳整理时，肯定做得不好，收拾的东西不会太整齐，有时候还会分错类。这时候家长千万不要斥责，更不要因为孩子做得不好就不让他们继续做下去，这样不能帮助孩子建立整理收纳的自信。如果没有自信，以后他们也就不愿意再在整理收纳上投入时间和精力了。家长应该以鼓励为主，纠正为辅，一步一步引导孩子养成整理收纳的习惯。这样，家长就不用花大力气在收纳整理上，孩子也能养成好习惯，以后做别的事情时也能井井有条。最重要的是，让他从中领悟到边界感，增强规则意识，这会让孩子受益终身。

空间整理术之书房——静心空间

书房的物品构成与其他区域相比要简单一些，主要是书籍和办公用品。因此，相对来说收纳整理也更加容易。但这不是绝对的，有些人喜欢购买衣服，有些人喜欢囤积食物，也有些人喜欢收藏图书，家中也会因为图书太多而杂乱无章。在整理书房时，可以先对书房进行规划，并进行友善布局，然后再对书房进行具体的整理收纳。

一、书房的规划与友善布局

可以将书房大概分为三个区域，即存放图书的书柜、办公学习的书桌，还有一个是常用物品的存放区。这三个区域在设置时，应该以书桌为中心，其他两个区域围绕书桌设置，为书桌服务。我们通常会将书桌放在中间，而将书柜和常用物品分别安置在左右两边，方便拿取。

第一，书房的收纳规划。

在书桌的桌面上放置小的收纳盒、文件夹、收纳架等，让桌面上零碎的物品都各有"归宿"。收纳物品的选购要美观，具有观赏性。

在书桌下方放置文件柜、储物柜、收纳柜等，将书桌或书柜上摆放不下的物品移至书桌下的收纳空间中，这样既不影响整个书房的美观，又增加了收纳空间，同时，拿取物品也变得更加方便。

如果书房的书柜不大、空间不够的话，还可以在书房的空白墙面上安装几个吊柜和搁板，再搭配相应的收纳盒，美观的同时又能增加书房整体的收纳空间。

在书房的常用物品存放区可以放置一个五斗柜或者几个收纳箱。

第二，书房的装修布局。

书房在规划装修的时候，首先要考虑的是室内的阳光和灯光。室内光线需充足，但阳光不能太刺眼，太刺眼容易影响阅读和办公，使人注意力不易集中，对眼睛的伤害也很大。另外，过于强烈的阳光直射图书容易造成图书的损坏。灯光以亮度居中为宜。

书房中的书桌一般不摆放在房间的正中间，也不宜正对着窗户、门或者厕所等，这容易分散主人的注意力。另外，书桌前面一般要留有空隙，不要贴墙放置，这样使整个空间看上去美观大气，也容易进行打扫整理。

书房的颜色不宜过多，可以选用一种或者两种美观大方的颜色，使整个空间看上去安静、静谧，适合主人阅读。另外有一些人喜欢将书房改造成茶室，在阅读中品茗焚香。这样的话，书房的装修风格更应该看上去古色古香。为了配合茶室的氛围，还可以在书房中设置"四雅"，即挂画、插花、焚香、品茗。

二、书房的整理收纳

书房的整理收纳主要分为三个部分，即书柜的收纳整理、书桌的收纳整理以及其他部分的收纳整理。

第一，书柜的收纳整理。

书柜是整个书房的精髓，整齐的书柜在让人赏心悦目的同时还体现了主人的品味。整理书柜的时候，可以分为四个步骤。

第一步，清空。将书柜中所有的物品都清理出来，并用清洁掸去除书上的灰尘。将除了书籍之外的其他物品单独归类，接着再对书籍进行整理。

第二步，分类清理。先挑出不需要的图书，如年代久远的旧报纸、使用过的草稿纸、没用的打印纸、已经不需要的考试辅导材料等，将其清理掉。如果家中的图书还是太多，还可以试着根据不同类目对书籍进行分类，并清理掉不再需要的图书。第一类，看过一遍后就不会再看的书籍，如养生类、烹饪类的工具书。第二类，不能从中再吸收更多知识的书籍，如过时的畅销书，可以将这类书籍捐赠给需要的人或者在二手平台中转卖。这样既能为书柜腾出更多空间，又能使书籍的价值得到延续。

再将剩下的图书按照类别分成文学类、工具类、专业类这三类。文学类图书又可以细分为古典文学、当代文学等类别，类别越细越好。再将图书按照分好的类别，以书名的首字母排序，不同类别的图书用书笠分隔开，这样分类更方便寻找。

第三步，整理复位。将书柜清洗干净，把分类好的书籍放入书柜中。放置的时候，要遵循"上轻下重"和"两边高，中间矮"的原则。因为底部较重可以避免头重脚轻，更利于书柜的稳定；而两边的隔板承受能力强，中间的承受弱，放比较重的图书会使隔板变弯曲，科学放置可以延长书柜的使用寿命，看起来也更为美观。我们在整理的生活，可以将字典这一类较重的书籍放在最下面；小说类书籍的开本都较小，可以放在中间；而专业类书籍的开本较大，可以放在两边。

第四步，定期保养。书籍在整理收纳妥当之后，要定期保养。

首先要做好书籍的防尘工作，如果书柜有柜门，在把书取出来后要把门关好。如果书柜没有柜门，则每隔两三周要用清洁掸去除一次灰尘。

其次要避免阳光直射，阳光直射在书籍上容易使书籍褪色，时间久了纸张也会变得脆弱，尤其是一些很珍贵的书籍，损坏了很可惜。因此在放置书柜的时候，尽量放置在阳光直射不到的地方，或者当阳光照射进来的时候，及时拉上窗帘。

图 4-16 整理好的书籍

最后还应该注意防潮控温。书籍最好放置在温度在 14~24℃,湿度在 45%~60% 的空间中。在北方气候比较干燥,可以在书房中使用加湿器。而在南方比较潮湿的地区,可以在书房中放置干燥剂或除湿器。

第二,书桌的收纳整理。

书桌是书房中的最重要的部分,是主要的活动区域。书桌上很容易堆积一些零碎物品,不进行整理收纳的话很容易影响人的心情。在进行书桌的整理收纳时,需要注意三个方面。

首先是电线的收纳整理。

一般来说，在我们的书桌上，都会配置一台电脑，或者音响等小电器。这些电器带有很多电线，电线如果不收纳好，容易让桌面看起来一团糟。另外，零散的电线也非常容易"吸引"灰尘，使整个桌面看着不干净。

整理师在收纳电线的时候，会用到扎线带。我们用扎线带将桌面上的电线通过桌子上的走线孔放到桌子后面，如果没有走线孔，则将电线排到桌子侧面或者藏在抽屉里，使桌面看上去整齐干净。

其次是纸、笔等收纳整理。

桌面上零碎的物品比较多，纸、笔等办公用具经常会散落在桌面上，一段时间不整理的话，很容易变得乱糟糟的影响心情。在进行笔、纸等零碎物品收纳的时候，可以采用这种方法：准备一个与书房整体风格匹配的笔筒放在书桌上，笔用完后随时放回笔筒中。有用的打印纸等做好标签装入文件夹中，再将文件夹收纳进书柜中，没有用的纸及时清理。

桌上还可以放置一个小书架用来收纳正在看的书，仙人球、富贵竹等小盆栽，纸巾、眼镜盒等小物品也可以收纳在其中。

最后是桌面的保持。

桌面的整洁需要保持，保持没有诀窍，唯有"勤整理"这一条。不要在桌面上堆满书籍，选择那些常用的物品放置在桌面上，其他物品都按照标准放入书柜中。零碎的物品用完后要及时放

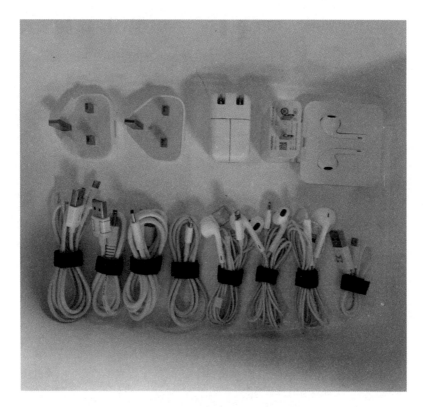

图 4-17　用扎线带收纳好的数据线和电线

入相应的收纳盒中，避免复乱。

第三，常用物品收纳区的整理。

如果规划和收纳整理不合理的话，常用物品收纳区容易变成一个堆放杂物的区域。在整理与收纳这个区域时，可以按照四个步骤来进行。

第一步，清空。将这个区域的所有物品清理出来。

　　第二步，分类。将清理出来的物品进行分类。把不需要或破损的物品丢弃，把不属于书房这个空间中的物品放置到合适的空间中，如雨伞、遮阳帽等，应将其收纳到玄关的收纳柜中。再把剩下的物品按照功能等要素进行分类。

　　第三步，整理。分类后，将物品整理整齐，必要时，可根据物品添置收纳柜。例如，如果常用物品收纳区放置的主要物品是茶具，就可以置办一个茶水台；如果放置的是打印机和打印纸等，则可以置办一个小柜子，上面放打印机，柜子中放打印纸。

　　第四步，归位。确认好存放的收纳柜后，将整理好的物品放置到收纳柜中，并保持清洁。

空间整理术之玄关——能量空间

玄关的概念来源于中国,过去民宅中推门可见的"影壁",就是中式玄关的前身。玄关是连接室外与室内的过渡空间,这既是对外缓冲的空间,也是进门后对房屋的第一印象。人们进家门的时候,在这个区域换鞋、脱外套、放包、放雨伞及钥匙;出门的时候,在这里穿鞋、穿外套、拿包、拿雨伞及钥匙。在玄关进行的动作很多,这里要收纳的物品也很多,做好这个区域的收纳整理特别重要。有调查显示,在人们最想改善的居住空间中第一名就是玄关。玄关中容易堆积大量的物品,这常常引起人们很大的不适,只有玄关井井有条,人们在进出家门的时候才会有好心情。

一、玄关的规划设计

由于每个家庭的习惯都不相同,玄关又是受习惯影响很强的收纳区域。在对玄关的收纳进行规划设计的时候，整理师应该提前与主人进行深入的沟通，了解主人在进出门时都有什么样的习惯，会在玄关做哪些动作。

一般来说，在空间允许的情况下，在玄关中应该设置四个区域。

第一，鞋子收纳区及换鞋区。

换鞋是玄关最主要的功能，因此，在玄关中一般会设置一个鞋柜。

鞋柜的设计有很多种，最常见的是将鞋柜做成悬空的样式，最下面那层不做门板。这样做的目的是为了换鞋方便，不必开关鞋柜，把常用的鞋放在鞋柜悬空的底层，保持玄关的整洁。

有些人考虑到空间的因素，做了开放式的层架，根据鞋子的高度自由调整间隔，层架上放了哪些鞋子一目了然。还有一些人会把鞋柜放在上半段，下层大约有一米左右的留空设计，这样做的好处是能在留空处收纳自行车、婴儿车、雨伞、高筒靴等大件物品。

穿鞋凳既可以与鞋柜连在一起，下面掏空作为收纳柜，也可以单独放置一个鞋凳，平时不用时推到一旁收纳起来。

第二，临时置物区。

临时置物指的是出门或者回家时随手拿的钥匙、快递、蔬菜等，在换鞋时可以随手将这些物品放在临时置物区内，腾出手换鞋。一般来说，临时置物区安排在台面上比较方便，可以

◀整理前

整理后 ▶

图 4-18 整理前后的玄关对比

将鞋柜的柜体分为上下两部分，中间掏空作为临时置物的台面，也可以只做 1.4 米左右的鞋柜，将上面的台面作为临时置物区。

第三，外套及背包收纳区。

很多人习惯进门放下背包、脱去外套，等出门时再穿上外套、拿起背包。那么，就非常需要在玄关设计一个空间用来临时收纳外套和背包。如果家中有足够的空间，可以专门做一个柜子作为外套和背包的收纳区。也可以制作一个简易的收纳区，如在鞋柜附近留空，安装上挂钩作为外套和背包的收纳。如果家中的空间不大，就不需要在此处设置收纳区，也可以将外套和背包拿回房间进行收纳。

第四，其他物品收纳区。

一些与进出门相关，需要长期放置在门口的物品如口罩、雨伞等，可以为它们设置一个统一的收纳区，在鞋柜上层安装几个抽屉，作为这些物品的收纳区。

二、玄关的整理收纳

关于玄关的整理收纳，需要明确的一个重要前提是，玄关中所有物品的收纳都是临时性的。如果出现长期闲置的物品，要及早将其收纳到其他空间中。

第一，鞋柜的整理收纳。

在对鞋柜进行整理收纳的时候，可以遵循清空、分类、改造、整理、复位这五个步骤进行。

第一步，清空。将鞋柜中的所有物品都拿出来。将鞋柜中除了鞋子之外的其他物品进行处理，例如，把没有用的鞋盒丢弃，塞在鞋子中的袜子取出来清洗干净，买鞋时赠送的鞋贴等赠品收纳好，放在该放的位置。

第二步，分类。将清理出来的鞋子分类，可以分为常穿的、偶尔穿的和几乎不穿的。由于玄关主要收纳使用频率高的物品，因此鞋柜主要用来收纳常穿的鞋子，如果还有空间，再考虑收纳偶尔穿的鞋子。如果鞋柜空间较小，可以先将鞋子按季节分类，再分为常穿的、偶尔穿的和几乎不穿的，不是当季穿的和几乎不穿的鞋子可以将其收纳在房间内的收纳柜中。

图 4-19 分类后的鞋子

　　第三步，改造。整理师要根据鞋子的高度对鞋柜进行改造，可以灵活调整隔层的高度，使鞋柜能收纳更多鞋子，这样看上去也更加整齐。鞋柜最好不要使用固定层板，这样的鞋柜灵活性差，很难满足长期的需求。最好将鞋柜做成灵活的层板结构，可以在鞋柜的侧板上打上排孔，再放上层板，就可以实现鞋柜高度的灵活调整了。如果不想在鞋柜侧板上打排孔，也可以在鞋柜上安装免打孔支架或者使用伸缩隔板，都可以达到同样的效果。

　　第四步，整理。在没有鞋柜的情况下，为了更好地保护鞋子，增加玄关的收纳空间，同时也使鞋子看上去更加整齐，可以借助下列收纳工具进行整理。

　　透明收纳鞋盒：这种收纳鞋盒防潮防尘，放置在里面的鞋子一目了然，还可以摞放，充分利用上层高度空间，也非常便于寻找。可以将过季的或者容易脏的鞋子放进去。

　　网红鞋子收纳整理架：这是近几年比较流行的收纳用品，特点是省空间，适合小户型或者鞋子多的家庭，这种整理架一般采用梯形凳设计，整理架充分利用鞋子的形状，上下分别放置一只或者一双鞋子，上下的鞋子以不同方向收纳，更加节省空间。由于鞋子是上下叠加摆放的，可以更有效地利用储物空间。

　　第五步，复位。将整理好的鞋子放置在改造后的鞋柜中。

　　第二，台面的整理收纳。

　　在所有的收纳空间中，台面是最方便的，物品可以随放随取，

图4-20　鞋子摆放在调整好的鞋柜中

图 4-21　用透明鞋盒收纳鞋子

图 4-22　用收纳整理架收纳鞋子

非常便捷。但是，因为使用频率高，且收纳能力有限，台面又是最容易乱的。有时候，人们把物品放置在台面上几天都没有拿走，加上没有及时整理，台面就变得杂乱无比，影响了整个玄关的形象。

在对台面进行整理收纳时，除了固定的装饰品如摆件等，其他所有的物品都要清空。整理师要向客户传达这样一个概念：台面上除了适当的摆件，只能放一类物品，即几分钟或几小时内就要拿走的东西，如钱包、手机、钥匙等。如果某件物品第二天或者过几天才会使用，那就把它放到恰当的收纳空间中去，不要放置在台面上。

第三，抽屉的整理收纳。

玄关中一般不会设置过多的抽屉，作为整理师，也不鼓励客户将太多物品收纳在玄关的抽屉中。我们要善于利用玄关中有限的抽屉，最好的方式是使用抽屉隔板，将每个区域收纳的物品进行分类，如生活用的、出门用的、购物用的。将使用频率最高的物品放置在抽屉的最外层，将频率较低的放在最里层。

第四，大件物品存放区的整理收纳。

玄关中大件物品存放区放置的物品一般是进门脱下的外套、背包、婴儿车等，这些物品的特征是具有临时性。在对这个区域整理收纳时，需要判断物品放置在这里的时间有多长，如果超过一天，就可以考虑将其放置在家中其他收纳区中。

图 4-23　鞋子整齐地放置在鞋柜中

三、玄关的友善布局

玄关在一个家庭中的重要性不言而喻，做好玄关的布局，会让人们在进出门时拥有好心情。

按照装潢方式和家居面积的不同，玄关又可以分为独立式、邻接式、包含式等几种。独立式玄关比较狭长，可设置的内容较多，可以增加屏风和博古架等；邻接式玄关与厅堂相连，没有较明显的独立区域，在布局时，可以匹配与家装风格相似的家居；包含式玄关包含于进厅之中，与厅堂融为一体。玄关可以做成圆弧型、直角型、走廊型等。

在做玄关间隔的时候，不论是选择木制的、玻璃的、屏风式的，还是镂空的都要注意一点，上半部分最好是透光的，要有通透的感觉，而下半部分要实心的，与地板不要有缝隙，这样能增加玄关的采光，使自然光可以照进玄关中；同时，与地板相连的实心材质可以带给人安全感，不会因为孩子的打闹或不小心碰到而发生危险。

玄关的墙面以暖色调为主，也可以安装室内灯来进行调整。暖色调会带来温暖舒适的感觉，让人们在进家门的时候忘记外面的烦恼，感受到家中的温馨和放松。

玄关要保持整洁和清爽，不要堆放太多杂物，如果玄关凌乱又昏暗的话，整个居室都会显得非常压抑，这样会影响居住者的心情。很多人喜欢在玄关摆放一些装饰物，装饰物是把双刃剑，摆放好可以体现主人的品味，提高居室的质感；如果摆放不好，就会显得房间杂乱无章。对于装饰物的摆放，居住者要保持理性和克制，将玄关的整洁和干净放在第一位，不要过分占用玄关的空间，不要影响玄关台面有限的收纳功能。

05

空间整理术之客厅——融合空间

　　客厅从功能上说就是一个融合的空间，我们会在客厅中招待客人、享受亲子时光、做游戏、休息等。它决定了一个家庭的整体印象，是家人聚集和养精蓄锐的场所，同时也是家中活动最频繁的一个区域，相当于整个家庭的心脏。正因为在客厅的活动如此之多，客厅也就成了家中杂物堆放最多的地方。很多人在家中的沙发上堆放衣服、背包；茶几上什么东西都有，手机、零食、钥匙、纸巾，堆得乱七八糟的，非常影响居住者的心情，同时也严重影响家中的质感。因此，要将客厅中杂乱的物品好好收纳起来，让客厅变得美观和整洁，让居住在这里的人得到放松，获得满满的幸福感。

一、客厅的规划设计

　　客厅中杂物堆积，很大原因是家居中的收纳空间不合理，一些常用的物品没有合适的位置，只能暂时存放在客厅中，由于没有及时整理收纳，最后只能堆积在这里。为了解决这个问题，最好的办法是重新设计规划客厅的收纳空间，让这些常用物品都有固定的位置。

第一，电视柜收纳设计。

客厅通常都会摆放电视机，家庭成员一般都会围绕着电视机展开活动。我们可以在电视机所在的墙面周围安装柜子，如在电视机的背景墙上，安装一面墙的柜子，电视柜与墙面连在一起，可以节省柜子在外的体积，又可以增加收纳空间。或者将电视墙做成展示的格子，既能用作展示，也能收纳物品，不过这样的格子没有门，不勤加整理和打扫的话，容易变得杂乱，也容易落灰尘，一般不推荐有整理困难的客户使用。还有一种方法，先将收纳柜靠墙摆放，再把电视机放上去，可以通过形状、颜色等组合营造美感。

电视机的背后也要做好收纳设计，因为那里有很多插线板、电源线、网线、视频线等。这些线团在一起，非常容易积累灰尘，而且很难理清。如果散落在地上，容易把人绊倒，也容易被家中的孩子捡起来玩耍，有一定的危险性。我们可以在电视柜中单独安装一个电线收纳盒，用安全绝缘的塑料扣带将这些电线理顺，再放进电线收纳盒中，从此就可以解决电视机背后电线混乱的问题了。

第二，茶几收纳设计。

图 4-24　整理前的客厅

图 4-25　整理后的客厅

　　茶几是收纳客厅中小物品的绝佳位置，各种遥控器、手机、钥匙、茶具、茶叶、纸巾等都会被放置在茶几上。在设计茶几收纳时，最好选择那种带抽屉的茶几。将与茶相关的物品如茶杯、茶壶、茶叶等放置在茶几的抽屉中。这样，招待客人时就可以直接从茶几中取出这些物品，用后清洗干净再放回原来的位置即可。这样既方便，又能避免将这些物品堆放在茶几上影响美观。

　　在茶几上或者茶几下的收纳空间中，还可以放置手机、遥控器收纳盒以及其他小物品收纳盒。一个家庭中的手机和遥控器加起来数量很多，手机就不用说了，几乎人手一个，遥控器包括电视机遥控器、空调遥控器等。这些物品在客厅中的使用频率很高，人们经常用完手机和遥控器后随手一放，使客厅变得很杂乱，再次使用的时候又要四处寻找。因此，最好准备一个专门收纳手机和遥控器的收纳盒，不使用时将其放置在它们的"家"中，这样不仅使客厅空间看上去整齐，再次使用时也能快速找到。钥匙等常用的小物件也一样，既可以单独收纳在玄关中，也可以专门为它们设计一个固定的收纳空间，让它们有地方可去，让主人有地方可寻。

　　第三，其他储物柜的收纳设计。

　　如果客厅中的物品很多，除了电视柜和茶几，还可以想办法设计其他的储物柜来增加收纳空间。但是，不论增加怎样的收纳空间，都要提前规划好这个空间是用来摆放哪些物品的，并提前预留好尺寸，这样才能增加有效的收纳空间。例如，要加一个吸尘器的收纳空间,那么就要在收纳柜中预留一个长条形的空间。

隔断柜:如果家庭空间足够大,可以用隔断柜的形式区分空间。例如,在客厅与餐厅之间增加隔断柜,区分客厅和餐厅。这样的话,在这个隔断柜中就可以收纳纸巾、餐具等,一些漂亮的瓷器还可以作为展示放在隔断柜的展示架上,增加客厅的美感。在客厅增加一个隔断柜,隔出一个空间作为阅读空间。这个隔断柜就可以作为书架使用,放置书本等物品,增加客厅的文化气息。

隔板:如果家庭中的空间不够大,不适合在客厅里摆放过多的柜子。那么还可以考虑在客厅的墙上安装隔板,或者钉几个悬空的收纳柜,这样既能收纳小物品增加客厅的储物空间,又能摆放饰品增加客厅的艺术感和层次感。

沙发周围的储物柜:沙发的周围是杂物比较容易堆积的地方,仅靠一个茶几不一定能满足所有的收纳需求。那么,可以考虑在沙发的周围增加几个小型的储物柜,柜身作为收纳物品之用,柜面还能作为台面摆放物品。例如,如果家中有孩子,可以在沙发和墙之间增加一排等高的储物柜,孩子平时喜欢在沙发上爬上爬下,储物柜就成了他们新的玩具乐园。柜中可以收纳孩子的玩具,柜面上可以摆放孩子最喜欢的毛绒玩具等。还可以在沙发附近设置一个矮柜,用于收纳随手放置的杂物,以分担茶几的压力。

边角柜：客厅的边角处是比较容易被忽略的空间，这个空间如果利用好，既能增加收纳空间，又能提升客厅的舒适度。例如，在墙角放置一个细长的转角柜，能为客厅增加不少的收纳空间。同时，由于转角柜的设置，家中少了一个卫生死角，打扫起来更加容易。

篮子＋收纳架：如果不想在客厅中放置柜子，但是客厅中的零碎物品又特别多，那么就可以考虑采用"篮子＋收纳架"的组合方式来增加客厅的收纳空间。这种组合的好处是造价低、可移动、容易拆除。我们将客厅中的小件杂物分好类，并在篮子中贴好标签，再将杂物放入箱子，箱子则放置在收纳架上。这样既方便寻找，又节约了空间。例如，有孩子的家庭，在孩子幼儿时期，小玩具、小文具特别多，又很难收纳，堆在抽屉里又不容易找到，就可以分类放在收纳架上。等孩子长大后，不需要这么多杂物收纳空间，这个收纳架就可以作别的用途，或者直接丢弃。

如果觉得收纳架占据了太多空间，也可以直接选择杂物篮，杂物篮可以选择大一点的，将其放置在大家具如电视柜旁，整体高度以电视柜的三分之一为佳，这样能获得更好的视觉平衡感，使客厅更具艺术性。

二、客厅的收纳整理

有些人在对客厅进行收纳整理后，客厅变得非常干净整洁，各类物品也有了自己的"家"，但一段时间后，客厅又变得乱糟糟的，家庭成员总是会忘记这些物品的"家"在哪里，所以又开始按照自己的想法和习惯随意放置，导致客厅复乱。因此，在对客厅进行收纳整理时，要先了解一家人平时的动线和生活习惯，再据此安排好各种物品的位置。

第一，沙发、茶几及周边的收纳整理。

这个区域主要的整理收纳可以分为沙发、茶几表面的收纳整理和柜子内部的收纳整理。想要让整个客厅看起来清爽干净，就不要在沙发、茶几和周边收纳柜的台面上放置任何物品。沙发的收纳整理以实现"零"杂物为主，即清理沙发上的杂物，将衣物放置在衣柜中，玩具放在收纳箱中，整理好沙发垫；茶几表面上除了必要的收纳盒，也不要放置其他的杂物。

台面上必要的物品和收纳盒的放置要符合家庭成员的动线和生活习惯。例如，人们一般都是在沙发上使用遥控器，那么沙发附近的储物柜台面和茶几台面就是遥控器收纳盒最好的安置场所。人们只需坐在沙发上就可以轻松地将遥控器放回收纳盒中。显然，将遥控器的收纳盒放在电视柜上并不是好选择。又如，有些人喜欢在沙发上看书，那么可以在沙发旁边的储物柜台面上放置几本常看的书，方便随时拿取。

由于沙发周边的柜子只做临时储物之用，在收纳整理时，要先将柜子中所有的杂物清空。在清空出来的杂物中，一定有很多车票、购物小票、硬币、打火机等物品，内容非常繁杂。先将没有用处的物品丢弃，在剩下的物品中，再分为常用的和不常用的。将不常用的物品分类整理放入其他区域的收纳空间中。例如，将绑头发的橡皮筋放在梳妆台中，将车票整理好放在书房的文件夹中等。将常用的物品按照家庭成员的生活动线和使用习惯分别放置在不同的柜子中。

第二，电视柜等其他柜子的整理收纳。

电视柜和其他柜子由于离沙发有一段距离，可以按照需要收纳一些平时不常用的物品。在整理收纳时，可以按照五个步骤进行。

第一步，清空。将各个柜子中所有的物品清理出来，再将柜子中的每个收纳小空间都擦洗干净。

第二步，分类。将整理出来的所用物品先进行大概的分类。由于客厅中的物品比较繁杂，分类时有一定的难度，可以先按照在外展示和在内收纳分成两类。再将在内收纳的物品按照不同类型分类，在外展示的按照不同展示区域分类。例如，很多人会将暂时不用的茶叶、烟、酒等收纳在客厅的收纳柜中。除了少数几瓶酒作为展示放在外面，其他的按照品类先分好类，再区分小的品类。例如，在酒这个品类下，又可以分为啤酒、红酒、白酒、黄酒等；茶可分为红茶、绿茶、花茶、乌龙茶等。

图 4-26　摆放整齐的酒

　　第三步，规划安置。根据整理出来的物品分配适当的储物格。一般来说，我们会将同品类的物品放置在一起，如隔断柜最下面的一排格子放酒，这一排也许有四个格子，那么啤酒、红酒、白酒、黄酒就分别占一格。电视柜最右边的一排格子放各种茶叶，分别在每个格子中放红茶、绿茶、花茶、乌龙茶、白茶等。客厅中的储物格一般比较小，但是数量比较多，在为物品分配格子的时候，要保持"一格一用途"的收纳状态，这样能快速确定物品的位置，以后取用时就不会花费太多的时间。

图 4-27　酒柜、茶柜整理之前

　　第四步，整理。客厅中放置的主要物品有电子产品或电器、药品、保健品、工具、食品等。

　　电子产品或电器的整理分为三部分，一部分是电视机后的电线，一部分是数据线，还有一部分是电子产品或电器本身。最常见的电线整理收纳是用扣带将电线捆住，缩短电线的长度，再将整理好的电线放置在电线收纳盒中，也可以购买西格玛横

图4-28 酒柜、茶柜整理之后

向电线槽等收纳工具将电线固定好。数据线可以将其缠绕成长度相似的团，再用魔术贴或者橡皮筋固定好，放置在带有小格子的收纳箱中。电子产品或电器则按照尺寸和使用频率直接放入收纳柜或收纳盒中。

在整理药品、保健品的时候，先将过期的药品筛除，剩下的药品中，按照使用对象分为成人、儿童、老人，再按照功能分为内服药品、外用药品、应急药品、保健品等。做好分类后，按照相应的类别收纳在药箱中，将药箱放在收纳柜中。在收纳时，将常用的药品放在外面易拿取的位置。食品的整理和药品一样，同样先筛除过期的食品，再将剩下的食品分类整理。工具可以直接收纳在工具箱中。

第五步，复位。将整理好的物品放置在相应的储物格中。

三、客厅的友善布局

客厅是一个家庭的门面，装饰好客厅也有利于家庭的和谐。客厅的布局较其他空间的布局更加自由，为了使客厅看起来更加美观，可以选择一些装饰品来点缀，如在客厅挂几幅画或者摆放绿植等。

第一，空间布局。

一般来说，为了使居住者更加舒适，客厅以方形或者圆形为主，切不可过于狭长，人在这样的空间里面生活久了会变得心烦气躁，不利于家庭成员之间的和睦相处。

第二，绿植摆放。

很多家庭都习惯在客厅中摆放一些绿植，绿植能够起到装饰、点缀的作用，也可以净化空气，使整个空间都生机勃勃。我们可以选择富贵竹、鸿运当头、仙客来、七叶莲、蓬莱松、君子兰、兰花、发财树等自己喜欢的植物。

图 4-29　客厅中摆放的绿植

第三，挂画。

人们常用挂画来装饰客厅的墙面，彰显自己的品味。在选择挂画的时候，要考虑到整体的装修风格，选择一些与家居风格匹配的挂画。比如，有些家庭的装修风格是极简原木风，就可以选择一些简单的有线条感的简笔画；有些家庭希望讨个好彩头，就可以挂花开富贵、年年有余等画作。

第四，灯光。

客厅的灯光也很重要，可以选择一些造型简朴、大气、亮度适宜的灯，合适的灯光会让居住其中的人们拥有好的心情。

第五，颜色。

客厅的配色也要认真选择和搭配。一般不要选择深色的家居，容易让人产生压抑的感觉。可以选择白色或者原木色的柜子，即使大面积使用，也不会感觉太压抑。同样的道理，窗帘也要仔细挑选，适合家居的颜色。

空间整理术之厨房——实用空间

厨房是我们每天都要出入的重要区域，物品种类和数量很多且不规则，使用频率高，但是收纳空间不足。厨房往往是很多家庭整理的难点和痛点，但又是每个家庭最重视的地方，因为厨房往往代表着家庭的凝聚力。厨房可以作为家庭的重点区域进行整理和收纳。

一、厨房（除冰箱外）的整理收纳

在我们的实际工作中，经常会遇到乱得超出我们想象的厨房。例如，济南的一位客户，家中有五口人，包括爸爸、妈妈、两个女儿（一个三岁左右，一个五岁左右）和姥姥。厨房的物品很多，收纳空间明显不足，平时夫妻工作很忙，姥姥要照顾孩子，还要做饭，无暇顾及物品的摆放，而且姥姥也不懂得整理收纳。厨房吊柜里的物品"呼之欲出"，整理师在打开柜门

图 4-30　整理前凌乱的厨房

的时候，掉落了很多物品，感觉好像是"厨房吃得太饱，吐出来了"。厨房需要整理的地方很多，包含水槽、操作台、灶台、柜体、置物架等。在对橱柜进行整理的时候，可以按照五个步骤进行。

第一步，清空。将橱柜中所有的物品清空（不含不可拆卸的部分）。将这些物品中没有用的，如塑料袋、有裂纹的餐具、过期的调味品、发霉的筷子、脏污的食品袋等物品全部清除出去。保留需要的物品和有用的物品，这样能为厨房腾出不少空间。

第二步，清洗。将橱柜腾空后，用清洁剂对橱柜的每个角落进行清洗擦拭，尤其是灶台周围和抽油烟机的部分，油烟重、污垢多，比较难清洗。这需要用厨房专用的能有效除油垢的洗涤剂对其进行清洗。

第三步，规划收纳区域。整体清洗干净后，就可以重新划定收纳区域。一般来说，厨房可收纳的区域包括以下几个地方：吊柜、地柜、墙面、置物架等。在规划收纳区域时，要符合主人的动线，多数家庭的收纳原则可以概括为"上轻下重""上常用下备用"。

因此，我们可以这样安排，灶台附近放置油、盐、酱、醋等常用调味品的收纳架；墙面安装"墙面置物杆"，将铲子、小炒锅、漏勺等常用的炊事用具挂上去；水槽下面的空间存放洗洁精、清洁剂等清洁产品；碗柜中划分盘子、碗、筷子、勺子等收纳区域，将这些用具统一放入碗柜中；微波炉、电饭煲等常用家电放在操作台上，也可以利用置物架，将这些家电进行叠放。

剩下的柜子依据离操作台的距离划分为高频率柜子、中频率柜子和低频率柜子。再按照用途细致划分区域。在高频率柜子中放一些经常用到的物品，比如灶台下的柜子就可以收纳经常用的锅；中频率柜子可以放一些备用品，如大包装的醋等；低频率柜子放不常用到的物品，如烤箱、面包机等。

第四步，收纳整理。

调味品、食品等物品：厨房中的调味品、食品等物品的保质期都较短，在收纳时，要注意防虫、防潮。相比于收纳袋，塑料或玻璃制品的收纳盒更适合储存食物，因为其颜色透明、容易分辨，叠放时节省空间，视觉上也感觉更加整齐。油、盐、酱、醋等调味品和谷物干货等食品，需要防潮、防虫，一次使用量不多，可以购置统一风格和尺寸的玻璃或塑料收纳罐，将其收纳其中，并在外面贴上标签，用于区分。一些不太适合收纳罐的粉末状物品如酵母粉、小苏打等，可以用夹子将开口夹好，放入通风的整理箱中。大米、面粉等一次使用较多的食品，可以购置大的收纳箱，将其放置在其中。另外，暂时不用的大包装调味品、粮食等，做好密封后放入不常用的收纳柜中。

餐具、厨具：筷子、勺子、叉子等使用频率较高的餐具既可以竖放在筷笼里，也可以平放在收纳盒中。碗、盘子、碟等稍大的常用瓷器餐具放在碗柜中，一般放置的套数为家庭固定成员人数再加两套。在碗柜中划分区域，碗和碗放在一起，盘子和盘子放在一起，如果餐具不多的话，可以选择摞起来平放，如果餐具较多的话，也可以在碗柜中放入相应的置物架，将盘子、碗等竖放。大量的、只有聚会时才会用到的餐具打包整理好放在收纳箱里，再装入使用频率低的柜子中，以作备用。

经常使用的厨具，如锅和铲子等直接放在外面，锅放在灶台上，铲子悬挂在墙面置物杆上，一目了然，随时取用。一些

图 4-31　将干货整齐地放入收纳盒中

图 4-32　将调味品整齐地放入收纳罐中

图 4-33　摆放整齐的餐具和厨具

图 4-34　将餐具竖放在碗柜中

偶尔使用的厨具如煎锅、蒜臼、打蛋器等整理在中频率的收纳柜中，需要用时再打开柜子寻找。很少用到的厨具，如备用的汤锅等则放在低频率的收纳柜中。如果厨房中不同品种的锅数量比较多，且使用频率适中，那就可以在厨房安置一个多层置物架，将这些锅放在其中收纳和展示。

电器：先根据使用频率对电器进行大概的分类。使用频率特别高的，放在外面能直接拿取和操作的地方。比如，将微波炉和电茶壶直接放在操作台面上，方便使用。使用频率不太高的酸奶机、空气炸锅、面包机等可以放入收纳柜中，防止被油烟污染，需要用时再拿出来，也不会太麻烦。一些使用频率适中、尺寸合适的电器也可以和厨具一起放在多层置物架中。

清洁用品：将厨房中与清洁相关的用品，如洗洁精、洗涤剂、垃圾袋、一次性手套、洗碗布、塑料袋等都放置在一个区域，方便以后寻找。这些清洁用品不怕潮，可以放在水槽下方的收纳柜中。整理收纳时，可以在收纳柜中再安置一个收纳架，将这些用品按照使用频率分类摆放，节省空间。

很多人会将用过的塑料袋收集起来当作垃圾袋使用，但由于不能及时整理收纳，给厨房带来更多的收纳问题。对于这些积攒下来的塑料袋，先对其进行大概的分类，挑选适合垃圾桶尺寸的稍干净的塑料袋，其余的用于别处或者直接丢弃。将这些尺寸合适的塑料袋的底部与下一个塑料袋的拎手处相缠绕，按这个方法将所有的塑料袋缠绕起来再团成一个

图 4-35 将电器和锅整齐地放在置物架上

团，放在定制的塑料袋收纳桶中，使用时，像纸抽一样直接抽出来即可。

第五步，复位。将整理好的物品放回原处。

二、冰箱的整理收纳

冰箱是厨房中必备的电器，它有冷冻、冷藏、保鲜等诸多功能，大大延长了食物的保质期。然而，在实际使用中，很多人因为缺少规划和整理意识，将冰箱弄得一团糟，一方面找不到要用的食材，另一方面很多食材因为长期不食用而过期。另外，冰箱的混乱还会使异味加重。这时，合理的整理收纳就非常必要，既可以让冰箱看起来整洁，又能增加冰箱的使用率。对冰箱的整理收纳，可以按照五个步骤来进行。

第一步，清空。将冰箱中的所有物品都清空。

第二步，清洗。如果冰箱无异味且能自动除霜的话，仅需做简单的清洁擦拭即可。如果冰箱有异味且有厚厚的霜层，则需要先断电，再做处理。

首先，除霜。冰箱清空后断电，在冰箱底部铺上干布或者干布条用来吸水，在冰箱中放入几盆热水，关上冰箱门，八分钟左右换一次热水。换两三次后，冰箱中的冰就可以整片取出了。如果是炎热的夏季，也可以直接打开冰箱门让冰和霜自然融化。然后将冰箱中浸满水的布条拿出来拧干，反复多次，直至冰箱中的冰都融化且没有积水。

其次，去除异味。冰箱在清洗干净后，如果还有异味，可以尝试以下几种方法去除异味。

冰箱除味剂： 可以购买冰箱除味剂去除异味，选购时，注意购买安全无毒的产品。去除异味后再配合通风，就能很快达到除味的目的。

橘子皮、柚子皮、柠檬等水果： 这些水果和果皮气味芳香，放在冰箱中，能很好地去除异味。直接将新鲜的橘子皮、柚子皮或切片的柠檬放在冰箱的各个角落，再关上冰箱门，一段时间后打开，取出橘子皮、柚子皮、柠檬片等物，不但去除了冰箱中的异味，还能使冰箱留有清香。

茶叶： 茶叶也有很好的吸附异味的作用，取适量的花茶装在纱布袋中，放入冰箱中。一个月后，取出茶叶放在阳光下暴晒，再放回冰箱中，反复多次，就可去除异味。茶叶除味的过程长，但是效果好，安全无副作用，客户可以自行尝试。

食醋、小苏打、黄酒： 这些物品也有很好的去味除臭效果。将这些物品分别装入敞口玻璃瓶中，打开瓶盖，放在冰箱的各层中，关上冰箱门，一段时间后再打开冰箱，冰箱中的异味就能去除了。

第三步，规划布局。可以根据冰箱的结构和食物的特征对冰箱进行规划布局。

容易坏的食物放里面。在冷藏区，受开关门和冰箱本身结构的影响，一般说来，温度由上而下越来越低，且越靠近冰箱后壁的地方越冷。因此，可以将新鲜的肉类、乳制品等易腐坏的物品放在层架的最后方，而将酱料、饮料等不容易坏的食品放在冰箱门处。

需要尽快食用的食物放中间。冰箱的中层是视线的快速接触区，可以放近期需要尽快食用的食物，如刚买的面包、剩菜等。我们可以以此为原则，让越需要尽快食用的食物越靠近中层，其他的放在上下两层。

需要保湿的食物放进抽屉中。冰箱的抽屉有很好的保湿效果，一些怕干、需要保湿的食物，如新鲜的蔬菜和水果等，就可以放进抽屉中。

速冻类的食物放入冷冻室。速冻的食品如水饺、雪糕等，放入冰箱的冷冻室。冰箱的冷冻室通常分为几层，放置食物的时候注意区分，一般将类似的食物放在一起。如一层放冻肉，一层放雪糕，一层放速冻水饺、速冻包子等面食。

还有一些食物不需要放进冰箱。很多人把买回来的食物一股脑地塞进冰箱里，其实很多食物不需要放进冰箱里。

腌制品：腊肉、火腿等肉类腌制品，本身的制作工艺就决定了它们能在常温下保存一段时间，如果非要将其放入冰箱，很可能会因为冰箱的湿度过大而出现异味，反而缩短了保存期限。

巧克力：巧克力放进冰箱再拿出时表面容易出现白霜而失

去原来的醇香口感。

蜂蜜、果脯：蜂蜜、果脯等食物常温储存即可，低温会使食物析出糖分，从而影响口感。

热带水果：热带水果如香蕉、榴莲、芒果、木瓜等都不适合在低温下储存。在冰箱中冷藏，容易造成这些水果果肉冻伤，进而变质腐烂。

第四步，整理收纳。在冰箱整理收纳的时候，要注意三点。

首先，选择合适的冰箱收纳用品。要想将冰箱中的食物收纳好，收纳用品非常重要。在冰箱中，我们会用到几种收纳物品。

食品密封袋：食品密封袋具有密封性和保鲜性，主要用于食品的分类包装，可以有效地防止食品串味。

食品保鲜袋：食品保鲜袋的密封性和保鲜性比食品密封袋要差一些，可以用于临时保存食物，能够节省冰箱空间，同时食物不容易变质或者串味。

各种收纳盒和保鲜盒：收纳盒和保鲜盒的使用让冰箱看上去井井有条、干净整洁，而且拿取食物也很方便。例如，鸡蛋就有专门的鸡蛋收纳盒，剩菜也可以放在专用的保鲜盒里。整理师需要提醒客户购买风格相似的收纳盒和保鲜盒，这样能使冰箱看上去更加整洁。

其次，注意不同类型的食物间相互隔离。食物放入冰箱时，要将生食和熟食区分开，分类存放。放在一起容易导致食物之间互相串味，熟食被生食污染，引起变质。熟食和剩菜用保鲜

图 4-36 将食物整齐地放在保鲜盒中

图 4-37 将食物整齐地放在保鲜袋中

袋密封储存。如果打算尽快食用，就放在冰箱冷藏室的中层，视线最容易被触及的地方；如果短期内不准备食用，可以标记好日期，放在冷冻室的熟食区。

我们还要将干燥的食物和新鲜的食物分开存放，以防干燥的食物被弄湿。将干燥的食物放在密封的保鲜盒或者保鲜袋中储存，可以放在冷藏室的上层。需要保湿的食物也要放在保鲜袋中，但一般放在冷藏室的最下层。买来的新鲜果蔬建议尽快食用，最好不要放入冰箱，如果确实需要存储在冰箱中，那就不要清洗，也不要切分，先用厨房纸包裹果蔬，这样能起到延长保鲜的作用，再将其放在有孔的保鲜袋或者有孔的塑料收纳盒中，置于冷藏室的抽屉中。这种方式既能锁住水分，又能使空气流通，同时还能避免水分凝结导致果蔬发霉。

新鲜的肉类买回家后，按照每顿需要的重量分装好，再放入冷冻区。这样，每餐取出需要的一份即可，避免重复冷冻解冻引起食物变质。一些调味菜如小葱、香菜、辣椒等，也可以切碎后速冻以延长保质期，按照一顿的量分装好，需要时直接取用即可。

未经处理的鸡蛋，表面含有细菌，不宜和其他食物混装在一起，清洗又容易破坏保护膜。我们可以用蛋盒分装储存，既保证了其他区域的卫生，又避免鸡蛋被不小心打破。

最后，遵循"能站不躺"的收纳原则。冰箱收纳和橱柜收纳的原理相似，都要遵循"能站不躺"（能挂不叠）的原则，因为冰箱本身是一个长方体，将食材立起来，不仅节约空间，还能清楚地了解自己有哪些食材，哪些需要补货，哪些需要尽快食用。

第五步，复位。将整理好的食物放回冰箱中。

三、厨房的友善布局

厨房是为家人烹饪食物补充营养的地方，同时，厨房中有明火和各种电器，容易存在一些安全隐患。因此，要做好厨房的布局，保证厨房的卫生和安全，这关系到家人的健康和安全。

第一，要有充足的光照。

厨房中要保证灯光照明的充足，因为要在这里进行煎、炸、炒、蒸、切等较高难度的动作，这些动作都需要在高照明的环境中进行，这样烹饪者才能看清楚。装修时，可以采用透明或者半透明的门，让自然光照到厨房中来，也便于厨房外的人随时注意厨房中的一切。

第二，注意厨房的配色选择。

厨房的配色最好以清新、明亮为主，这样能给人一种轻松愉快的感觉。但是地板最好以深色为主，因为厨房在使用时，地面上经常出现水渍和泥土，颜色太淡的地板容易脏，影响人的心情。深色的地板耐脏的同时，也会给人一种稳定踏实的感觉。厨房的地面一般不能高过客厅或其他房间的地面，这样可以防

图 4-38　整理后的厨房

止污水倒流。

第三，谨慎选择开放式厨房。

对于经常做饭的家庭来说，要谨慎选择开放式厨房。这样的厨房，即使安装了吸油烟机，也不能完全吸走油烟，油烟很容易散发到客厅里，对家人的健康造成影响。考虑到厨房的油烟比较多，屋顶高度保持在 2.2~2.4 米为宜，以便吸油烟机能充分发挥功能。

第四，谨慎选择门的方向。

厨房门的方向要谨慎选择，最好不要对着大门、后门和厕所门。对着大门和后门容易形成穿堂风，厨房中风力过强会将灶台的火吹灭，进而造成煤气泄漏，也容易将油烟吹散到家中的其他空间。同样的道理，灶台最好不要紧挨着窗户，以免户外的强风吹灭灶火造成危险。如果门对着厕所，容易飘散进来厕所中的不雅气味，不利于家人的健康。

第五，营造好的厨房环境。

很多家庭会忽略厨房的环境，不在厨房安装空调。实际上，经常在厨房做饭会感到闷热潮湿，最需要安装空调。为厨房营造一个凉爽舒适的环境，有利于改善烹饪者的心情。厨房中也可以放一个小音箱，播放轻松柔美的音乐，调节烹饪者的心情，做出来的食物也会更加美味。洗水槽最好安装在窗户前，一方面有利于厨房内的空气流通，另一方面有利于观看窗外的风景，调节劳动者的心情。

空间整理术之卫生间——清爽空间

卫生间的地方不大，却是全家人都要高频率使用的空间。时间久了，物品难免越来越多，空间越来越乱。洗手台上堆满了瓶瓶罐罐，沐浴露、洗发露的收纳架无法承重，毛巾多到没地方挂，地面永远都是湿的……卫生间的收纳整理成了让人头疼的问题。在对卫生间进行整理收纳前，先要问自己几个问题：真的利用好卫生间的空间了吗？真的做好整理收纳了吗？

一、卫生间的可收纳空间

卫生间看似不大，但可收纳整理的空间却不小，细数下来，主要包含以下几个空间。

第一，浴室柜。

浴室柜一般是卫生间的"标配"，本身就是为收纳而存在的。浴室柜的柜体可以用作收纳，柜底离地面还有十几厘米的高度，这个空间也可以用来收纳脸盆等物品。如果柜体的收纳空间没有做划分，可以买一些收纳盒和收纳架，以隔出更多区域，用于收纳不同的物品。

第二，镜柜。

镜柜是一个很实用的收纳空间，可以将不常用的物品，如未开封的洗发水、面膜、毛巾等放在里面，减少台面上的物品，使卫生间看上去更加整齐。

第三，壁龛。

壁龛是指墙面上凹进去的小格子，一般用作储物。卫生间墙面上可以设置壁龛的地方很多，如设置在浴缸旁，这样就可以把沐浴露、香皂等与沐浴相关的物品放在其中，非常方便；也可以设置在洗衣机上面，放置毛巾或者洗衣液等。壁龛上可以适当放置一些"高颜值"的物品，这样既增加了收纳空间，又使卫生间看上去更加美观。

第四，马桶上方。

马桶上方可以装上隔板或者置物架作为收纳之用。这个空间一般很少用到，用作储物正合适。可以在上方放一些卫生纸等物品。

第五，夹缝。

卫生间的夹缝很多，例如门后、马桶侧边、浴室柜与洗衣机的夹缝，可以为这些空隙定制尺寸合适的柜子或者置物架，将这些空隙都利用起来。例如，一般马桶的侧边与墙之间都会

图 4-39 卫生间的置物架

留有一定的空隙，可以从网上定制尺寸合适的侧边柜，作为收纳之用。这个侧边柜可以做得高一些，充分利用上方的空间。

首先，可以定制高柜或者梯子置物架。如果家中的卫生间空间足够大的话，也可以考虑定制一个尺寸合适的高柜或者放置一个置物架，增加收纳空间。置物架可以配置收纳筐一起使用，既增加收纳空间，看起来又很美观。

其次，定制洗衣机柜。如果洗衣机放在卫生间里，还可以为洗衣机定制一个洗衣柜，将洗衣机放进柜子，柜子上面再收纳物品，这样会使整个卫生间看上去更加整齐。

最后，安装收纳挂件。在卫生间可以多安装几个收纳挂件，如整排的挂钩或者单个的挂钩，将常用的毛巾、浴球等悬挂起来。挂件的风格和颜色注意与整个家居的装修风格统一。

二、卫生间的收纳整理

卫生间的东西杂乱且多，在整理收纳的时候，可以使用以下四种方法。

第一，遵循"二八法则"。

很多人认为，整理就是将所有的物品放进收纳柜中。其实不然，将所有物品藏起来，当时确实看着更整齐，但等到使用的时候，就又乱了。正确的整理方法是遵循"二八法则"，将20%的常用物品放在外面，随时取用；将80%的物品收纳到柜子中，这样看上去更整洁。

第二，统一颜色。

卫生间显得杂乱没有秩序的很大一个原因，是各种瓶瓶罐罐和毛巾等物品的颜色过多，使整个卫生间看起来无序且没有质感。统一颜色是最简单的解决方法，可以用颜色和风格统一的收纳筐将这些瓶瓶罐罐和毛巾装起来，也可以购买颜色和风格统一的分装瓶替代这些瓶瓶罐罐。至于毛巾，可以购买一套颜色相近、素雅的毛巾，提高整个卫生间的质感。

第三，悬挂收纳。

图 4-40　整理后的卫生间

图 4-41 整理后的洗手池

卫生间的面积小，所以要充分利用墙面的空间。将一些常用物品挂到墙上，一方面方便沥水和取用，另一方面也方便清理地面。可以在墙上安装各种收纳架，将毛巾、脸盆、拖鞋、吹风机、清洁用品都挂上墙。

第四，分类存储。

在整理收纳卫生间的物品时，最有效的收纳方式是将卫生间的物品做好分类，再分别存储。一般来说，卫生间中的物品包括化妆品、洗漱用品、洗浴用品、小家电、清洁用品和其他日常用品等。先将卫生间里的物品清空，筛选出过期的和破损无法使用的物品，将其直接丢弃。再对物品做基本的分类，在每个小类下，按照常用和备用再进行分类。将备用的物品放进收纳柜中，一般以就近为原则。例如，备用的化妆品和洗漱用品放在镜柜里，备用的洗浴用品放在浴缸旁边的置物架里，台面上只保留少量的常用物品。在对卫生间里的物品做收纳整理时，要注意轻拿轻放。

三、卫生间的友善布局

　　卫生间是家中湿气和秽气的集中之处，容易滋生细菌，但它又是家居中不可缺少的功能空间。因此，在整理卫生间时，就要考虑通风透气的因素。最好将卫生间安排在居室的边缘，切勿将卫生间的门对着卧室和厨房，以免里面的湿气和秽气影响人的健康。另外，卫生间中又有水又用电，在安排电路时，一定要符合规范，最好用绝缘保护罩保护好带电的插座等物，以免用电时发生危险。

空间整理术之库房——储物空间

近些年来，除了传统的家居整理，库房等工商业场所储物空间的整理需求也越来越多。相对于家居，库房的空间更大，物品更多，而且专业性更强，需要整理师掌握的专业知识也更多。例如，医院库房、红酒库房的整理，就需要整理师对医疗器械、药品、红酒等物品的存放有一定的了解。总体来说，在进行库房整理时，需要遵循六个步骤。

第一步，空间定位。不论是什么样的类型、多大空间的仓库，都要在了解客户精细化需求的前提下，对空间做好详细、具体的定位。例如，仓库里预计会放哪些物品，这些物品的使用频率如何，怎样设置动线更加合理等。不同的物品采取不同的科学存放方式，以便提高空间的使用率，最大限度地存储物品。

第二步，清空。在整理收纳之前，要先对仓库中现有的物品进行清空，判断物品是否还有价值，是否应该继续留在仓库中，哪些物品可以尽快处理等。例如，对医院的科室仓库进行整理，在清点物品时，会发现里面摆放了很多物品，有些物品甚至是十几年前的，积了很厚的灰，以后也不会再使用。这时，可以询问客户的意见，将不需要的物品进行处理。再按使用频率对剩下的物品进行区分，看哪些物品需要放置在工作场所，哪些物品需要留在仓库，哪些物品可以送到其他部门二次利用等，这样，仓库就能腾出许多空间。这时，再对留在仓库中的物品进行分类整理，就会变得轻松很多。

第三步，物品分类。对仓库中的物品进行分类，根据物品的不同用途、适用人群、堆积时间等先进行大概的分类，有时间的话可以再进行细分。"分类做得好，收纳没烦恼"，如果不确定物品应该怎么分类，可以请教专业人员，避免越分越乱。例如，在为某红酒仓库整理时，就可以先请教专业人员和仓库工作人员，知道怎样对红酒进行分类更合理。

第四步，整理收纳。库房的整理收纳方法要视具体物品而定，不过可以确定的是，在库房整理收纳的过程中，要为库房多配置一些收纳货架和整理箱。例如，在整理收纳服装库房时，可以配置一些大的整理箱，将款式一样的带包装的服装放进大整理箱中，并贴上标签。

在整理收纳的时候，还要注意方式方法。一般来说，货架的整理要遵循"上轻下重"的原则，将重的物品放在下面，轻的物品放在上方，这样更有利于货架的稳定。

在为特殊物品做整理收纳时，要注意做好相关措施。例如，在做茶叶仓库的整理收纳时，就要做好防潮措施，避免阳光曝晒。在做酒类的整理收纳时，白酒要竖放，避免阳光直射以及渗漏；红酒最好横放，以保持瓶塞湿润的状态。

第五步，归位。将整理好的物品放回事先规划好的位置。

第六步，系统管理。整理师要引导仓库管理人员做好系统管理工作，物品要做到"从哪里来，到哪里去"。如果有条件的话，可以配合客户做一个物品仓储管理系统，方便客户快速高效率地查找物品，同时还能维持仓库的整齐整洁。

空间整理术之办公室——工作空间

办公室是我们平时工作的地方，过于凌乱的空间不仅会让人心烦意乱，还会降低工作效率。做好办公场所的收纳整理，不仅赏心悦目，还能拥有高效的办公空间。办公空间的整理收纳主要分为四个步骤。

第一步，清空。清空指的是清理办公桌面上、桌面下、柜子里、抽屉中所有的物品。将物品清空后，再检查是否有足够的收纳空间。如果空间不够，可以采购合适的收纳用品，如抽屉横隔板、书架、文件夹、收纳筐等。

第二步，分类。在分类前，先将与办公无关的私人物品清理出来，再将无法使用的办公物品淘汰。办公室是办公的场所，很多人在不知不觉中带来了很多私人物品，这是造成办公桌混乱的一个很大因素。例如，在某次整理中，我们发现一位职员的办公桌抽屉中塞满了各种物品，但是有三分之二的物品都是私人物品。将这些私人物品清理出来后，办公桌就整齐多了。

图 4-42　整理前的办公桌

　　接着，我们再将剩下的物品根据使用频次，分为常用的、备用的、无用的。根据不同的工作内容，将物品分进不同的类目中去。无用的物品选出来后进行流转，常用的物品放在随手可取的位置上，备用的物品放进抽屉或者柜子里。同一类目的文件放置在一起。

　　第三步，整理收纳。将分类好的物品进行整理和收纳。对文件进行整理收纳时，可以根据个人的习惯对文件的内容、用途、时间等进行分类，再用不同颜色的文件夹或者便利贴进行区分，这样方便寻找文件，而且看上去也很整齐。常用的办公用品放在桌面上，不常用的则收纳在抽屉中，可以在抽屉中放置一个格子收纳盒，将物品整齐有序地放置其中。这样，需要使用时就能马上找到。

我们要重点打造桌面整理的黄金三角区。黄金三角区指的是坐在桌旁看向前方的扇形区域，这是办公场所中最核心的区域，这个区域只能放置与工作相关的物品，如电脑、鼠标等，将其他无关的物品都移开，这样才能保证在第一时间高效地展开工作。这个区域的物品，要做到"少、定、美"，即东西少且固定，摆放美观。

桌面的左右区域，可以放置与工作相关的辅助物品，如文件、文具等。要注意，这里的辅助用品只放一两件最常用的，遵循"物品唯一原则"，不要把笔筒和文件盒随意塞满。一旦同类工具过多，就会在不知不觉中降低工作效率。

桌面的右手区域，可以适当放一些私人物品，如绿植、水杯、鲜花、纸巾、照片等，可以保证工作更好地进行。这个区域的物品要少而精，千万不要把私人物品与工作物品混在一起。

办公室的脚下空间要清理干净，不要当成储藏室，囤积大量的拖鞋、高跟鞋等。这样才能方便腿脚活动，减少空间给身体带来的压力。

第四步，归位。将整理好的物品放回事先规划好的区域中，并用便利贴做好标签。

图 4-43 整理后的办公桌

10

空间整理术之集体——住宿空间

宿舍是集体的公共空间，少则两人，多的可达八人，甚至还有几十人的大宿舍。宿舍中的人越多，物品也就越多，而宿舍空间又是固定的，久而久之，物品就容易乱堆乱放，整个宿舍就变得乱糟糟。因此，宿舍的整理收纳非常有必要。对宿舍进行整理收纳时，主要遵循五个步骤。

第一步，清空。将宿舍中所有的物品都清空，确定哪些物品是损坏的、过期的、不需要的，将损坏和过期的物品清理出去，将不需要但还有用的物品流转出去。例如，宿舍同学之间可以办一个"服装交流会"，将自己不需要但还完好的衣物拿出来与同学交换。这样，在处理自己闲置衣物的同时，还能收获自己想要的衣物，一举两得。

第二步，规划收纳空间。宿舍的空间较小，可收纳的地方也比较有限，要充分利用现有的收纳空间，如衣柜、抽屉、床底、门后、床边、墙边等空间。

衣柜： 衣柜是宿舍中个人最主要的收纳空间。可以在衣柜中添置隔板、收纳盒、魔力片、收纳篮等收纳工具，从而在柜子中放入更多的物品。

宿舍衣柜不同于家居衣柜，由于空间小、物品多，主要以收纳更多的物品为主。因此，可以减少挂衣区，用收纳盒增加分层，这样可以放置更多的衣物。还可以用收纳篮配合分层，在柜子中增加一个个"抽屉"，这样拿取物品更加方便，只要将"抽屉"抽出来就可以，存储量也能大大增加。

为衣物选择收纳盒的时候，要注意根据衣物的大小和颜色来选择。夏天的衣物叠好后较小，可以选择小型的浅色收纳盒；毛衣、打底裤等秋冬衣物折叠后所占的空间较大，可以选择颜色较深、尺寸较大的收纳盒。

书桌、书架： 有些宿舍还会为每个人配置一个书桌和书架。书桌上可摆放常用的学习用品，书架上可以摆放图书、文具、文件等物品，也可以在书桌和书架上摆放适当的收纳工具，增加收纳空间。例如，将饰品盒摆放在书架上，增加饰品的收纳空间。

抽屉： 抽屉里可以安装隔板或者抽屉收纳盒，将抽屉区分成大小不一的空间，用于收纳不常用的小物品，如文具、钥匙、钱包、车票等。

床底： 宿舍的床底也是一个很大的收纳空间。一般来说，人们会在床底放置脸盆和常穿的鞋子。如果宿舍里个人物品较多的话，也可以把床底开发利用好。例如，购置与床底尺寸合适的大收纳箱，用于收纳不常用的衣物和鞋子等；也可以将行李箱直接放入床底用于收纳。

门后：门后的收纳空间经常被忽视，其实可以安装收纳物品，如门后鞋架，可以收纳鞋子；也可以安装挂件，用于收纳背包和毛巾等物品。

床边：可以在床边安置可悬挂的收纳篮，放置手机、钥匙、零钱等随身物品。

墙边：如果各种地方都已经利用上了，收纳空间还是不够，那么还可以在墙上想想办法。在墙上可以安装各种置物架，如书架、鞋架、毛巾架、网格架等，用于收纳图书、拖鞋、毛巾、首饰等物品。

第三步，分类。将现有的物品进行分类。由于宿舍的空间小，功能区少，而物品又多，所以在对物品进行分类的时候，可以按照收纳空间先进行大概的分类。例如，衣物可以分为放进衣柜的衣物和收纳在床底的衣物，图书可以分为放在书架上不常看的图书和放在床边挂篮中常看的图书。

第四步，收纳整理。宿舍内的整理收纳，一般以常用的、零碎的物品居多。总体来说，要以使用频率和重量决定收纳的位置，重的物品放在下面，经常使用的物品放在容易拿到的地方。

在收纳时，可以用立式叠衣法，将衣服"卷起来""立起来"，为了更好寻找和辨认，可以将衣服标志性的地方露出来。这样可以比传统的上下叠放要节省更多的空间，寻找时也能准确地找到自己想要的衣物，而不会将其他衣物打乱。一些小衣物如丝巾、腰带等，可以将其收纳在专门的格子衣架上，既省地方，搭配衣服时也一目了然。背包如果较多的话，可以采用大包套小包的方法节省收纳空间。

书桌上尽量不要放杂物，如果确实需要摆放物品，可以借助桌面格子收纳盒和桌面小收纳筒，将桌面零碎的文具和物品放置其中，拿取时还非常方便。首饰既可以专门购置一个首饰盒放置，也可以将其悬挂在书桌边上的网格墙上，这样搭配时一目了然、清清楚楚。

如果宿舍有独立的卫生间，那么可以和宿舍的室友商量，一起买一个多层的收纳架，将大家的脸盆和洗漱用品都收纳到其中，这样既整齐，又能节省很大的空间。还可以在门口安装一个大的鞋架，将大家常穿的鞋子都统一放在门口。

第五步，归位。将整理好的物品放回事先规划好的位置。

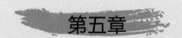

第五章
职业整理师的成长之路

　　处在风口中的中国整理行业，是名副其实的蓝海行业，是"零工经济"背景下的择业优选方向，也是目前国家大力扶持的"专精特新"型产业。

　　成熟的职业整理师创业平台将为整理收纳师的成长和成功持续赋能。

风口行业中的职业整理师

20世纪80年代，美国开始出现了整理师这一职业。此后，加拿大、日本、韩国等国家先后成立了整理师协会，整理师这一职业逐渐被多个国家的民众所接受。受国外的影响和人们现实需求的发展，我国也逐渐出现了整理师这一职业。

一、职业整理师在我国的现状

在我国，整理收纳的需求随着人们生活水平的提高而不断增加。早在2018年，"58同城"就发布了相关数据：到2018年年底，58同城上提供专业整理收纳服务的商家，比2017年同比增长100%；用户搜索整理收纳的数量，比2017年同比增长125%。2017年国内整理收纳市场规模达到约258亿元，2020年达到1000亿元。整理收纳服务商家所提供的服务主要集中在整

理收纳、整理收纳培训、整理收纳规划这三类。❶

2021 年 1 月，人力资源与社会保障部向社会正式发布了一批新增的职业工种，其中就有"整理收纳师"一职，并归在"家政服务员"项下。2021 年 3 月，在北京召开的"两会"上明确宣布，"十四五"期间国家重点投入的服务行业之一就有"整理行业"。至此，整理收纳师这一职业正式得到官方的认可。

整理行业越来越火热，相关消息也是层出不穷，《95 后西安男孩退伍当起了整理师》《90 后美女整理师月入过万》《天津 33 岁小伙兼职做整理师走红！月入过万》等文章屡见不鲜。整理市场的需求量越来越大，发展潜力也越来越大。据央视财经频道报道，全国系统学习过整理师课程的人数大约在一万人以上，而全国对整理师的需求量至少在 20 万人以上，人才市场缺口极大。

二、行业发展带来的机会

如今，随着电商的发展，物流快递更加方便快捷，人们的家中充满了各种各样的物品。有人常说"去年的衣服配不上今年的自己"，于是就不断地"买买买"，衣服越来越多，找不到合适的衣服后又开始新一轮的"买买买"。另一方面房价居

---

❶ 《整理师，正在崛起的"钻石职业"》，2020 年 1 月 5 日发表于《蓝鲸财经》。

高不下，每个人的住房面积有限，如何在有限的空间内收纳越来越多的衣物，成了摆在不少人面前的问题。整理收纳的需求就此应运而生。

整理收纳的主要客户群体——"白领一族"的年轻化也是需求越来越多的一大原因。以前的生活节奏较慢，职场人士下班后有较多的休闲时间可以自行整理收纳。可是现在工作节奏加快，再加上人们用于休闲和应酬的时间增加，私人生活与工作之间的缝隙越来越小，下班后几乎没有太多的休息时间，更不用说动手整理房间了。有数据显示，绝大多数职场人士表示，下班后根本不想自己动手做家务，但凌乱的环境又使他们感到心烦。因此，现在很多"90后""95后"的职场人士会在周末下单让整理师上门帮助整理家居。

2020年12月13日，新浪乐居财经与留存道联合发布了《2020中国整理行业白皮书》，文章中指出，85%的中国人不懂得空间规划；91%的人患有囤积症，不愿意扔掉衣物；83%的人衣柜中的衣物数超过500件；75%的人浪费了大量的储物空间。因此，伴随着居高不下的房价和消费理念的升级，整理收纳刻不容缓。❶

巨大的需求孕育了巨大的创业发展空间。有数据显示，随

---

❶ 《2021年中国整理收纳师市场发展前景分析：潜力巨大的整理收纳市场即将开启》，2021年7月7日发表于东方财务网。

着技术的发展，全球将会消失700万个工作岗位，其中就包括一些基础白领和蓝领技工；另一方面，新的领域也会创造新的工作机会，新兴领域中将会产生500万个工作缺口，这其中就包括职业整理师。

三、职业整理师面临的挑战

作为风口行业，我们在拥有更多机遇的同时，也面临着前所未有的挑战，主要体现在四个方面。

第一，从业者水平良莠不齐。

由于整理行业的火爆发展，使得越来越多的媒介开始关注，越来越多的客户需求被触发，从而吸引了大量从业者甚至参与者。在这些从业者中，一定有很多专业、优秀、有想法的人，然而，也会不可避免地混进一些想吃行业红利的人。这些人浑水摸鱼，抱着"捞一笔"就走的想法，消耗大家对整理收纳行业的信任，为行业带来负面影响。

第二，没有公认的行业标准。

虽然"整理收纳师"已经被确定为一个新的职业类别，但目前全社会还没有权威的、公认的整理行业标准，更没有持续稳定的派单平台。这使得不少从业者在工作时受到质疑，同时自身的权益也面临诸多风险和挑战。

第三，客户群体有待开发。

虽然有不少客户认同整理师的工作，但仍有很多人不理解为什么整理家居还需要专门花钱请人来完成。这种现象在三四线城市尤为明显。除了现有的客户群体，还有很大一部分客户群体等着整理师去开发拓展。万事开头难，正如当初家政行业在发展初期也不被看好，但经过十多年的发展，已有不少客户群体的需求被激发，现在很多家庭将家政需求看作刚需。因此，整理行业被大众认可还需要一段时间。

第四，大众对整理师的要求不断增加

依靠信息不对称抢占市场的时代已经过去了，现在的市场需要更多专业、经济实力强、能够提供优质服务、具备资源整合能力的人加入进来。随着人们对整理收纳行业的了解，对整理师的要求也会不断增加，行业门槛、行业标准以及从业人员专业性的提高是必然的。那些水平低、专业技术不过关的从业者一定会被市场淘汰。

四、决定整理师高薪的因素

尽管新闻媒体上很多关于整理师的报道都集中在行业的高收入上，如《年薪百万，整理师爆红》《新兴行业！整理师一天收入可达一万》等，然而这个行业同样离不开"二八定律"，确实有一些整理师年薪高达百万，但也有人在千元左右徘徊。并不是所有人都年薪百万，甚至大部分整理师做不到收入过万。

能否从整理行业中获得高收入，取决于四个因素。

第一，整理师的工作经验。

整理师并不是只要完成培训，学会如何整理就能获得高收入。整理收纳涉及的知识面很广，整理师必须从实践中积累工作经验，在不断试错的过程中完善对整理的认识，拓宽自己的知识边界。即使是最优秀的整理师，也要经过至少半年时间来积累经验，才能使自己的综合能力达到质的飞跃。

第二，整理师的运营能力和个人资源。

如果说工作经验是获得高薪的基础，那么运营能力和个人资源则是获得高薪的关键。整理师要懂得如何运营自己的个人IP，打造个人品牌，让更多的人了解自己、信任自己，这样才会有源源不断的客户找上门来。这也从另一方面说明，个人的人脉、精细化运营、沟通能力、社会支持等资源，对整理师来说是多么重要。

第三，整理师的执行力和精力。

有了客户以后，执行力和精力就成了决定整理师收入的关键。整理师的工作时间相对灵活，工作内容有时可以由自己安排。当工作找上门时，没有充沛的精力和强大的执行力是无法留住这些客户的。有些整理师往往会用"我忙不过来""我没有时间""我都知道，但是……"等理由为自己开脱。殊不知，客户不会在原地等你。想得到高薪，就要有强大的执行力，以及付出比别人更多的时间、精力和努力。

第四，整理师的个人目标。

个人目标决定整理师能走到哪一步。对于整理师来说，如果是抱着"佛系"的心态，觉得"开心就好""跟着感觉走""走一步看一步"，那么注定不会获得成功。因为抱有这种心态的人，目标往往不明确，总会被半路中出现的其他事情影响或左右。整理师要为自己定下清晰的个人目标，如"我要通过整理服务获得哪些收益""今年我要拓展哪方面的业务""我要成为哪种风格的整理师"等。只有当目标清晰明确时，才能一步一步走向成功。

"零工经济"背景下的择业优选方向

　　目前，在全球经济下滑的大背景下，传统"雇佣制"的企业面临诸多困境，就业市场不容乐观，越来越多的人选择自主创业。而职业整理师这个新兴的行业，又是"低投入高回报"的轻资产创业模式的典型代表，尤其适合那些时间自由，又有丰富生活经验的人。这种轻资产创业模式的火爆，也让一种全新的人力资源分配方式——"零工经济"，走进了人们的视野。

一、什么是"零工经济"

　　"零工经济"是共享经济的重要组成部分，是对现代劳动力市场人力资源分配方式的准确描述，是指由工作量不多的自由职业者构成的经济领域，利用互联网和移动技术快速匹配供需方，主要包括群体工作和应用程序接洽的按需工作两种形式。零工经济是共享经济的重要组成形式，是人力资源的一种新型分配形式。"零工经济"也已成为世界各国有志者自主创业的主基调。

2018 年 12 月，由爱迪生研究（Edison Research）发布的报告《2018 美国的零工经济》（*Americans and the Gig Economy*）显示，美国约有 25% 的成年人在零工经济中获得收益，其中"零工"从业者占劳动力的 34%，2020 年增长至 43%。据麦肯锡全球研究院近期发布的报告显示，到 2025 年，各种在线人才平台有望贡献约 2% 的世界国内生产总值，并创造 7200 万个就业岗位。"零工经济"显示出其强大的发展势头，全职终身雇用制的"铁饭碗"时代将面临巨大的挑战。[1]

"零工经济"能够发展壮大，原因有三点。首先，国际金融危机后，世界经济增长缓慢，失业率居高不下，非全日制工作在降低失业率方面发挥了一定作用，因而成为不少国家大力推广的就业形式。其次，数字革命是零工经济迅速崛起的重要因素。虽然按需工作的形式早就存在，但是，随着智能手机的普及以及近两年在线人才平台的快速增长，其从业门槛大为降低。最后，"好工作"的定义发生了变化。对于很多年轻人来说，工作和生活之间的平衡更为重要。[2]

---

[1] 《人民日报经济透视："零工经济"挑战了谁》，2015 年 8 月 21 日发表于人民网。
[2] 《人民日报经济透视："零工经济"挑战了谁》，2015 年 8 月 21 日发表于人民网。

二、"零工经济"在我国的现状

在我国，"零工经济"其实早有萌芽。早在 20 世界 70 年代末期，苏南地区的乡镇企业就曾聘请过"星期日工程师"，当时的乡镇企业缺技术、缺设备、缺市场，于是他们就想办法从周边城市如上海、南京、苏州等地的工厂或科研机构聘请工程师、技术顾问等，帮助解决技术和设备上的难题。这些工程师和技术顾问并不是专职为乡镇企业服务的，而是利用休息日去乡镇企业为他们攻坚克难。这种形式实现了人力资源的市场化配置，与"零工经济"人力资源配置的方式非常相似，可以说是"零工经济"的雏形。

近些年，随着互联网的发展，"零工经济"有了更合适其发展的土壤。从网络上的众包平台，到各个领域的分享经济型企业，"零工经济"在我国各行各业全面发展。新兴的职业整理收纳师就是"零工经济"下的典型代表。整理师不再受雇于企业，不用朝九晚五去固定地点上班。而是由平台派单，自己接单，时间上可以做到自由安排，独立完成上门整理收纳工作。随着移动互联网的发展和人们思想观念的开放，"零工经济"会为更多人所接受，门槛也会更低，会有更多人受益于"零工经济"。

三、"零工经济"带来新的择业方向

"零工经济"的发展和自由职业者以及共享经济的崛起和发展密不可分，现代企业的边界变得不再那么明确，传统的雇佣关系也逐渐发生改变。过去只能依靠企业和团体完成的行为，现在个人也能独立完成。"互联网＋"模式为"零工经济"的发展注入了一剂强心剂，"零工经济"这种新的用工方式，也让人们开始思考传统雇佣制的利与弊，越来越多的企业放开岗位，交给"零工经济"。原来"企业—员工"的雇佣关系逐渐向"平台—个人"的交易模式转变，并且对接更加便捷。

首先，"零工经济"改变了组织的运营模式。

十多年前，人们认为人口的增加会为企业用工带来极大的便利，可当这代年轻人走向社会，劳动力结构也发生了巨大的改变。没有人愿意甘当没有自创能力只知埋头苦干的"勤奋牛"，"996""007"工作制的常态、不能喘息的内卷、必须做到"我比他更努力"，仅仅是为了不被淘汰，这些工作理念受到越来越多年轻人的质疑。

新一代年轻人把握住了互联网的弯道超车机会，从为别人服务转向为自己服务，在释放自己动能的同时，催生了大量的自由职业者，从依附固定工作到依附发掘自己的能力，缔造了无数平台的崛起。

市场运营模式的不断迭代，新时代个体的悄然觉醒，也为

企业组织带来了生存方式的新变革。疫情下，管理者开始思索什么样的人才是不可或缺的，而员工则在思索什么是自己本心所属。人们开始重新思考职业走向，企业也在这场突如其来的战役中思索新的组织运营模式。而能够在新形势下依然将通行券握在手中的组织，必定是做出巨大改变的组织。

当有专业、有特长的人变得越来越独立，并不再受雇于固定的企业，而是通过建立受市场认可、受客户信任的个人品牌，借助平台获取订单。当个体被解放，组织结构就会实现从"公司＋雇员"到"平台＋个人"的转变。人人都为自己打工，不再是被管理的员工；不是公司付工资给员工，而是市场决定你的生存模式。当传统的工作制以及传统的劳动力分配模式已经不能适应模块化价值创造的灵活用工时，平台型组织应运而生。

多个服务个体，不断对接多种专业、个性化需求，不断创新新的商业模式，形成崭新的组织架构，促使新的零工经济时代到来。

其次，"零工经济"并不等于"打零工"。

"零工经济"为人们带来了新的择业方向，但也有人会因此产生疑问，这种"零工经济"是否就是"打零工"的变形。其实不然，"打零工"是迫于生活压力出卖自己的体力、劳动力和时间，"零工经济"则更偏向于分享个人闲置的知识、技能、经验等，以实现个人价值为主要目的。它的核心本质是用一种新型的、短期的、灵活的工作形式，取代传统的、固定的、朝九晚五的工作形式，能让人们充分利用自己的空闲时间，帮助别人解决问题，在为企业节约成本的同时，自己也能获得收益。

这种新的用工方式正在改变市场环境，也让身处其中的"打工人"有了更多的选择。"打工人"可以用弹性的工作方式让自己的劳动获得更高的收益。

四、"零工经济"带来的挑战

"零工经济"带来好处的同时也带来了不少的挑战，对于"打工人"来说，"零工经济"在使其获得自由的同时也面临更多的问题和风险。对于企业来说，如何让"零工经济"更好地为企业服务，同时促进企业更好的发展也是需要考虑的问题。"零工经济"的挑战主要体现三方面。

第一，收入来源不稳定。

据美国斯坦福大学的一项调查显示，"零工经济"的从业者对无法获得足够的工作量、不知道如何优化时间表、不能确保收入最大化等感到不满，甚至一半受访者计划今年内停止从事这类工作。"零工经济"在灵活的同时，缺乏稳定性。一些从业者无法获得足够的收入，不能依靠这份收入获得稳定和舒适的生活，因此无法长久地从事这项工作。

这个挑战是从业者自己和平台要一起面对的，从业者方面，要不断优化自己的时间安排，提高自己的劳动技能以获得更多的工作量；平台方面，要根据大数据为从业者精准推送订单，使其能够获得稳定的收入来源。

第二，缺乏社会保障。

"零工经济"打破了传统的雇佣制，不受传统的劳动合同的约束，这为劳动者带来自由的同时也带来了很多风险。例如，很多网络平台将这类劳动者归类为独立承包人，因而劳动者不享受失业保险、工伤补偿、退休金、产假等福利，缺少应有的社会保障。当发生劳动纠纷时，劳动者很难维权。此外，"零工经济"也使不同国家间的合作成为可能，当平台、劳动者和客户分别来自不同的国家和地区时，发生纠纷后维权将会更加困难。

第三，如何推动商业模式创新和经济发展。

"零工经济"激活了大量的创业机会，新兴行业在进一步推进和演化。在未来，不论是传统行业还是新兴行业，都可能出现"零工经济"。虚拟和现实的高效结合能够改变企业的商业模式，激发企业涉足多个领域和行业，探寻更高效的解决方案。然而，企业在"零工经济"从业者的自由性和企业稳定性的博弈中，如何取得两者之间的平衡，从而进一步推动商业模式的创新和经济发展，这是一个亟需思考和解决的问题。

"专精特新"发展中的专业培训与实践

　　"专精特新"是最近一段时间的一个热门词汇，在多个重要的场合被提及。在 2021 年 7 月 30 日召开的中共中央政治局会议提出，加快解决"卡脖子"难题，发展"专精特新"中小企业。2021 年 7 月 27 日举行的全国"专精特新"中小企业高峰论坛指出，"专精特新"的灵魂是创新，强调"专精特新"就是要鼓励创新。❶那么，什么是"专精特新"，为什么要发展"专精特新"中小企业，以及整理行业与"专精特新"之间的关系是什么？

　　"专精特新"，是指具有专业化、精细化、特色化、新颖化的中小企业。它们"小而尖""小而专"，长期专注于某些细分领域，在技术工艺、产品质量上深耕细作，具有专业程度高、创新能力强、发展潜力大等特点。

---

❶　《"专精特新"的灵魂是什么》，2021 年 8 月 7 日发表于《经济日报》。

整理行业背靠"零工经济"，一般都是为家庭提供服务，它是"技术赋能"的代名词，是"专业技能型选手"一展身手的大舞台。

第一，整理行业与专业化。

很多人对整理行业有误解，认为其提供的只是更高级别的家政服务而已，其实不然。整理师的工作不只是收拾房间那么简单，其工作流程必须包含事前沟通、上门测量、列出方案、提供服务等多个环节。

整理师是为客户提供家居整理、收纳方案和服务的专业人士。要想在这个行业中深耕下去，必须不断积累各个方面的知识和技能，如演讲口才、沟通能力、室内设计、家庭教育、色彩搭配、心理健康等方面的知识和技能。整理师要能根据客户房屋的装修风格、空间结构、家庭成员、生活习惯等具体情况，为其设计适合客户及其家庭成员的科学合理的整理收纳方案。这也就是说，一个优秀的整理师除了能为客户带来一个更整齐的家，还能在潜移默化中改变客户的生活习惯和行为方式。

整理师和整理行业的出现，意味着传统的服务业正从劳务型向专业型转变。整理行业也成为能提供更专业服务的代名词。

第二，整理行业与精细化。

精细化主要指的是精细化管理。精细化管理是源于20世纪50年代日本的一种企业管理理念，主要体现在落实管理责任，并将责任具体化和明确化，要求每一位管理者都尽职尽责，将工作做到位，每天都对当天的工作进行回顾总结，有问题及时处理。按照精细化管理的思路，企业就可以找到关键问题和薄弱环节，进行有针对性的改进，最终完善整个运作体系。可以说，精细化管理在企业的发展中有很强的功能和很重要的作用。

具体到整理行业，整理师在为客户服务的过程中，每一个环节的沟通和服务，都用到了精细化管理。与其说是整理师为客户提供家居整理服务，不如说整理师为客户提供家居精细化管理服务。另外，就整理本身来说，整理其实就是重新调整事物的布局，让客户今后的生活更加方便。扩大了说，除了家居物品，我们平时接触到的信息、思想、人际关系等，都需要被整理，而这种整理，就是精细化管理。

第三，整理行业与特色化。

整理行业的特色体现在其"化繁为简，以人为本"的基本原则，在整理空间的同时，也能净化人们的内心，让每个家庭都充满仪式感。

在实际的整理过程中，我们曾遇到过一位 70 多岁的独居老奶奶，老奶奶的家并不小，但是家中堆满了以前的旧物件，无从下脚。子女们没有办法，只好请整理师来帮忙整理，主要希望清除家中杂物堆积的安全隐患，让老奶奶有一个安全的活动空间。在与老奶奶沟通的过程中，我们得知她不愿丢弃旧物的原因——这些旧物件都是她已经去世的老伴留下的，老奶奶舍不得丢弃，这也是她留在老房子里不愿搬走的主要原因。

因此，在实际的整理过程中，我们并没有像日式整理那样强调"断舍离"，而是保留了中式整理的人文关怀。将老爷爷留下的物品都保留下来，只清理掉一些没用的纸壳等杂物。用合理的收纳方法为老奶奶的家腾出许多空间，同时也将她的记忆完整地保存下来。最后，看到整齐的家后，子女和老奶奶都很满意，他们之间的矛盾也得到了缓和。

这种中式的人文关怀就是整理行业最大的特色。

第四，整理行业与新颖化。

据 2019 年的一则网络评选显示，在年轻人最向往的新兴职业中，职业整理师名列前茅。整理行业这种背靠"零工经济"的新型行业，由于其新颖的人力资源管理方式、劳动方式正悄悄地吸引着一批高素质、专业化的年轻人。

整理行业的"新"体现在职业的新。众所周知，"整理收纳师"这一职业，在 2021 年 1 月才被人力资源与社会保障部纳入新增的职业工种中。即使在最早出现职业整理师的美国，也是 20 世纪 80 年代才出现的这一职业。

整理行业的"新"体现在用工方式的新。整理行业的用工方式不用于传统的合同雇佣制，它背靠"零工经济"，工作方式灵活，工期短，更受喜欢自由的年轻人的喜爱。

整理行业的"新"体现在工作内容的新。在整理师这一职业出现之前，提到家居服务，主要是劳务型的打扫卫生、做饭、照顾孩子等工作。而整理师的工作内容在帮助客户整理家居之余，还要与客户沟通对家居生活的预期，帮助客户搭配衣物，教会客户合理规划收纳空间等，工作内容非常新颖独到。

成熟的职业整理师创业平台

新颖的工作方式、较高的收入、灵活的时间安排，吸引着越来越多的年轻人投入到整理行业中。然而，新兴行业的不规范，个人资源的不充足，工作量的不饱和，让很多对整理行业满怀热情的人望而却步。在整理行业中，亟需成熟的职业整理师创业平台，为这些有志于整理行业的人持续赋能。

一、整理师的难点和痛点

从一名整理新手到职业整理师，光靠热情和激情是不够的，还需要掌握很多技能和资源。在成为职业整理师的路上，大家都或多或少都会遇到三个问题。

第一，无法系统地了解专业知识。

很多人出于对整理的热爱，想要学习整理并成为整理师，然而兴趣与专业之间隔着一道深深的鸿沟。从哪里学习专业知识，从什么地方了解行业情况等，成了摆在很多人面前的难题。当在网络上搜索时，冒出的各种各样的"专业大神"又让人心生疑虑，不知道如何选择。人们无法系统地了解专业知识，更不用说成为整理师了。

第二，无法获得客源。

很多人都知道想成为一名高收入的整理师需要有好的口碑，只有这样才能吸引人们关注自己，获得客源流量。然而由于个人能力有限，不知道如何获得好的口碑，或者打造的品牌影响力不够；或者即使获得了好的口碑，也不知道怎样来落地拓展私域流量。

第三，没有稳定的收入，而且缺乏相关的社会保障。

在前面的章节中，我们提到"零工经济"为从业者带来的最大挑战是没有稳定的收入来源和缺乏相关的社会保障。这些挑战，是职业整理师需要面对的难题，也是很多整理师无法坚持下去的主要原因。很多全职的整理师在淡季时几乎没有收入，到了旺季，尽管订单很多，自己非常忙碌，收入依然提升不上去，而且没有企业为其购买保险，需要自行购买保险，无形中又增加了不少支出。

二、专业平台为整理师持续赋能

基于这些困难和痛点，整理师需要一个成熟的、专业的平台，能够为其培训、派单、提供保障等，使其在创业的道路上不再孤军奋战。市场上不乏这样优秀专业平台。接下来，我们将介绍成熟的、专业的平台是怎样为整理师持续赋能。

第一，完善的课程体系为需要学习的整理师赋能。

不论是新入门的整理新手，还是有一定工作经验的整理师，在进步的道路上，都需要不断为自己充电。不断学习和进步，才能被市场认可，这就要求平台有完善的课程体系，能为不同阶段的整理师提供学习和实操的机会。

很多整理机构提供整理师的培训课程，并且建立了完善的"助理整理师、职业整理师、精英整理师"培训课程体系，能够帮助不同阶段的整理师解决心中的疑惑。此外，还有"亲子整理课程和整理心理学课程"等特色课程，可以帮助整理师拓宽知识边界。这些课程并不是"空中楼阁"，而是建立在日复一日的实践积累上的。专业整理公司的服务品类包括衣橱整理、全屋整理、全屋收纳空间规划设计、搬家打包还原（包括同城还原和异地还原）、工作室整理、办公整理，等等。正是这些扎实的经验积累，让这些整理公司的课程更实用、更有力量。很多整理公司还会开展定期培训，为整理师提供帮助。

第二，合伙人扶持机制与整理师共同创业。

与传统企业的雇佣制不同，整理师的用工模式多采用平台合作制。换句话说，整理师需要自己创业，自己寻找客户。因此，一个成熟、稳定的平台对于整理师来说就非常重要了。

首先，雇佣制组织与平台型组织的不同。

雇佣制组织是依靠雇佣员工的技能与劳动，为客户提供服务，员工潜能无法得到真正的释放。其管理模式依托组织的管理契约制，业务主体是组织，以员工的价值才华赋能于组织为主要增值导向，运行模式是垂直的树状结构。

平台型组织是以互联网为基础成长的零工经济平台，特点是无边界、包容、共赢，为各种"供给"和"需求"提供对接服务。管理模式是以合作为基础的价值契约制。平台型组织的业务主体是个人，以平台资源赋能个人为主要增值导向，运行模式是扁平的矩阵结构。

平台型组织营造了一种具有创新力、极强的自我修复能力的超级个体群体聚合，塑造了一种全新的生态组织关系。优秀的个人品牌集合，势必打造出高效率和超稳定的人才供应链。他们为提高自己的个人影响力不断在社会输出有效价值，也催生出了一个个超级平台的发展，互相成就。商业以人为本，格局以类群分。极强的组织与优秀的个人，强强联合，实现超级平台与超级个体之间的赋能合作。

其次，平台赋能与合伙人扶持机制。

整理收纳师的事业，就是这样一批在时代进步下衍生出的新兴行业引领者，通过平台赋能的方式与一群有理想有态度的人共同合作的一项事业。在众多行业平台中，有不少平台将"合伙人机制"发挥得十分出色，用平台的力量为每一位整理师赋能。

这些平台将帮助每一位整理师实现自己的价值作为重要方向，将服务更多家庭品质生活作为创新的动力。

很多平台希望用自己走过的弯路，来为大家铺一条平坦的创业之路，立志于打造优质的中国整理师行业创业平台，解决整理师最大的就业难题。

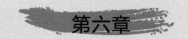

第六章
整理专业服务的消费之道

我们生活在一个过剩的时代，物质过剩、信息过剩；我们又生活在一个紧缺的时代，时间紧缺、空间紧缺。

专业的整理服务会为消费者提供情绪心理、生活品质以及人际关系的深度改善。整理可以让生活更有条理，人生更有格局。

01

整理与心理

虽然我们居住的场所一般不轻易展示给别人，但这个地场所却深深地反映了居住者的性格和心态。有人曾将房间的状态比作人的内心世界，认为生活空间的状态常常映射出居住在这里的人的内心空间状态，一个人的房间状态中，隐藏着这个人的能力、性格以及生命状态。

一、整理物品的习惯反映了心理状态

整理并不是简单地将物品收拾整齐，它需要人们以一种平等的姿态去审视物品，并将物品归类、筛选、收纳、舍弃。在整理的过程中，要无数次问自己：是否需要它，是否喜欢它。整理的过程非常考验整理者，不同的人对待物品的态度不同，反映了不同的心理状态。

第一，每一件物品都收纳得很整齐。

有些人的家里，不管是台面上，还是柜子里，所有的物品都是按照顺序和规则摆放得整整齐齐，所有的物品都放在该放的位置和空间里，整齐又干净，身处其中的人感觉非常舒适和放松。这说明房屋的主人生活很有规律，做事很有条理，有很强的组织能力，做事效率高。他们对于风险有很强的防范意识，不论做什么事情，事先都会拟订一个计划，预防一些突发情况，以便事情能够按照计划更好地进行。但是这样的人习惯了按照计划和规则行事，凡事都小心谨慎，墨守成规，对于一些突发事件，可能会不知道如何处理，不太喜欢开拓和创新。

第二，表面整齐，脏乱都藏在角落里。

有些人的家表面上看上去很干净整齐，实际上，只要去他家里的角落看一看，就会发现那里堆满了杂物和旧物，非常杂乱。这类人的心理状态如同他们对整理的态度一样，习惯将不好或不幸的事情隐藏起来。在整理的过程中，我们曾遇到过这样一位女士，该女士有一段不幸的婚姻。当我们走进她的家中时，发现家里非常整洁，一点儿杂物都没有，地板也擦得很亮，家里看起来一尘不染。但是只要多停留一会儿，就会发现在看不到的角落里堆满了杂物。这位女士的整理习惯就是将脏乱的物品隐藏起来，而将整齐的物品摆放在外面。这种整理习惯反映了她的潜意识，即将不好的事情藏匿起来，当作不存在。因此，这位女士在处理婚姻问题的时候，也采取了相似的"鸵鸟心态"，只向别人展现光鲜的一面，而将不好的一面藏匿起来，不敢面对真实的关系。

第三，喜欢囤积旧物。

有些人喜欢在家中摆放一些有纪念价值的物品，如朋友送的礼物、曾经去过景点的门票。他们特别喜欢囤积一些旧物，这样的人家中虽然不会特别乱，但也不能算整齐，家中塞满了旧物，没有新物品的空间。这样的人通常很重感情，特别珍惜别人给予的一切，他们一般都有怀旧情怀，希望通过珍藏物品的方式留下美好的记忆。但有时又过于沉溺于过去，无法开始新的生活。作家张德芬曾经说过："想要幸福，我们需要先放下对幸福的执念。"对于这类人来说，要摒弃"过去就是好的"这样的想法，放弃囤积旧物的习惯。因为拥有旧物不等于拥有幸福，人要向前看，要挪开过去的旧物，为未来的新生活腾出空间，这样才能获得更多的幸福。

第四，物品摆放得乱七八糟。

有些人不喜欢整理物品，又特别喜欢购买和囤积物品，因此家里总是被大量的物品弄得乱七八糟，甚至有的家中无处下脚。如果要找一样东西，往往要把所有的东西都翻个遍，甚至干脆再买一件。这样的人往往比较犹豫，不能决定物品的取舍，很难做出决策。在实际生活中，这样的人工作能力较差，办事效率也低，逻辑思辨能力更是糟糕，思维混乱，缺乏足够的耐心和责任心。这样的人在生活中其实很多，要想改变就得从整理物品着手。日本的环境建筑设计师真居由美曾经这样说道："整

理自己身边的事物也就是整理自己的命运。"古人也曾说过："一
屋不扫，何以扫天下？"说的都是打扫和整理的重要性。我们
要学会通过整理使自己的心情沉静笃定下来。

二、整理对心理健康的重要性

家中囤积的物品太多，或者不懂得整理，将家里摆放得乱
糟糟的，长期在这样杂乱和拥挤的空间中生活，非常影响人的
心理健康。从心理健康这个层面上说，整理房间实际上是心理
调节的一种方法，物理空间在得到整理的同时，心理空间也得
到了调节和梳理。专业的整理服务能够带来心理、情绪上的改变。

第一，专业的整理师如同心理咨询师。

居住者同意寻找整理师上门服务，是愿意改变自己的开始，
别小看这一步，其实是改变自己的一大步。而这一过程非常考
验整理师的沟通能力和专业素养，因为很多人尽管同意整理，
但是很抗拒在陌生人面前表露自己，不想让别人知道自己的家
这么乱，更不想面对造成家居杂乱的原因，即自己内心中不满
足的欲望和不安全感。

这时候，整理师要用专业的态度面对客户，要像专业的心
理咨询师一样，不要对客户本人进行评价，尤其不做道德评价，
只评论他们的行为，帮他们寻找行为背后的深层原因。另外，
还要真诚地倾听他们的感受，哪怕一些想法很可笑，即使非常

不认同，也要认真、真诚地回应他们，并且给予他们无条件且积极的关注。

例如，有一些整理师在为客户服务时，有时会要求客户共同参与整理的过程，睹物思情，有些客户一边整理，会一边袒露自己的心事。"很多人在整理的时候会大哭，尤其是一些经历过离异的家庭。"这时候，整理师要听他们倾诉，通过聊天疏导，帮助客户走出阴影。甚至有位整理师透露，她在整理时挽救过不少处于离婚边缘的家庭。

第二，整理是一个反思的过程。

不要小看整理收纳这件事情，它就像一面镜子，映射出人的思维方式、生活方式和情感方式。人的习惯和欲望很难改变和破除，整理和收纳有助于看清生活中被忽视、被遗忘、被浪费的东西。整理是一场盛大的自我探索活动，优秀的整理师能在带领客户整理的过程中，完成自我探索，达到反思或者启悟的作用和效果。

在整理服务过程中，我们遇到过这样的例子，有位整理师上门帮助客户整理物品，在整理的过程中，帮她找到了一套未开启的电钻工具箱。这位客户非常激动，因为家里需要改装，她刚刚在网上订购了一套电钻工具，现在找到了这套工具，就不需要重复购买了，她当下就退了那套还未发货的电钻工具。这件事也启发了这位客户反思自己的生活方式，她主动加入整理的行列，在与整理师一起整理的过程中，不断从家中搜寻出很多未拆封就被遗忘的物品。"我决定暂停网购一个月，专注于自己拥有的东西。"这位客户最后做了这样一个决定，她以前可是一天收四五个快递的"购物狂"啊。在后期的回访中，这位客户虽然没有彻底杜绝网购，但是已经改变了很多。

第三，整理是整理回忆的过程。

在整理物品时，会发现很多凝聚着情感和回忆的物品，这些物品也许没有太大的价值，或者已经没有用处，但就是舍不得扔。如孩子小时候的玩具、高中时期的校服以及和同学传的纸条等。在处理这类物品的时候，整理师要为客户创造一个宽松和包容的环境，让她有足够的时间整理回忆，可以郑重其事、充满仪式感地与过去告别。

只有认真地与这些物品告别，才能与过去的自己和解，积极、感恩地面对过去的一切，将过去的经历化作人生的养分，在回忆中获取更大的力量。例如，有位整理师曾经为一位宝妈整理物品，这位宝妈有不少孕期使用的物品舍不得丢弃，那些物品承载了她太多的回忆。但为了健康着想，整理师建议客户丢弃内衣裤等不会再使用的贴身衣物。那天，整理师给她足够的时间与这些物品告别，"她将这些物品丢入垃圾桶的动作都是慢慢的，那种心情是很复杂的"。她不是在丢弃物品，而是在整理回忆。

第四，整理是一个自愈的过程。

在一次整理师培训课程分享会上，有位立志成为整理师的女孩曾这样解释她为什么想成为一名整理师。

她说："整理是一个自愈的过程，每当我心烦意乱的时候，就会通过整理物品的方式让自己平静下来，我希望把这种美好的感觉传递给客户。

"有一次，我有一项重要的考试差两分没有通过，当时悲伤得难以自抑，躲在家里哭了很久。最后我决定不能任由情绪无节制地发展下去，我要给自己找一些事情做。

"我决定对家里做一次深度的大扫除！我从收拾桌子开始，接着整理橱柜、衣柜，又整理了一遍书架；扔掉了橱柜深处不再穿的旧衣物，翻出了冰箱中过期多年的罐头；用强有力的水流冲洗了卫生间角落里的污垢；然后再将所有保留的物品放回原处……

"就这样，当整理结束的时候，我甚至忘记了刚开始为什么会悲伤。我的家是如此干净整齐、蓬勃向上，在这一刻，我又找回了信心。整理的的确确是一个自愈的过程。"

第五，整理是追求内心平静的过程。

在整理的过程中，适当加一些传统美学的元素，使用传统的配色、风铃、香薰等在居室内营造一种静谧的氛围，对居住者的心理能产生积极的影响，达到追求内心平静的目的。

在生活节奏如此之快的当下，一些传统的美学元素，可以让居住者找到心灵的港湾。例如，可以为家居空间比较大的客户打造专属茶室，在茶室中放置"文人四雅"——插花、壁挂、焚香、点茶。客户在典雅古朴的茶室中，品茗焚香，听着山水之音或者传统悠扬的音乐，将生活的烦恼和杂事都抛在一边。

　　这时，整理就变成了一种心灵整理术，你的心灵跟随着空间中美好的传统事物一起清朗明净起来。

整理与生活品质

哈佛商学院发现了这样一个有意思的现象：幸福感强的成功人士，往往居家环境十分干净整洁；而那些觉得不幸福的人，往往生活在凌乱肮脏的环境之中。这也从一个方面说明，整理对生活品质的影响非常重要，从大的方面说，整理能影响人们的成功与失败；从小的方面说，能决定当下的生活舒适度。

一、混乱的房间影响生活品质

当我们长期生活中一个混乱的房间中时，我们的思维也会变得混乱而没有条理性，行为会变得懒惰而缺乏主动性。在混乱的房间中，往往要花比别人多几倍的时间找东西。在生活中，常常会遇到这样的情景：

小丽很喜欢购物，买的衣物太多，家中的衣柜甚至都塞不下了，为此她还专门购买了几个收纳箱收纳这些衣物。今天公司有一个很重要的会议，小丽要在会议上做产品展示。于是，她七点起床，到处找合适的衣服，搭配了好几套都不太满意，最后想到有一件几个月前买的白衬衫很适合，但却想不起来放在哪里了，于是又开始翻找。一早上光在衣服上花的时间就快40分钟了，可还是没有找到合适的衣服。时间有限，只能穿一件不太满意的衣服去上班。因为找衣服花了太多的时间，所以只能草草化妆。到了公司后，由于对自己的状态不太满意，影响了展示效果。

　　显而易见，虽然我们的房间不需要向外人展示，但房间的状态是我们生活态度的反映，反过来也对生活品质和生活效率产生极大的影响。一个对生活品质有追求的人不会允许自己的房间混乱不堪。同样，混乱的房间也无法产生正面的影响，不会带来高效率和高质量的生活品质。

二、整理房间需要体力与脑力

　　整理房间并不是一件简单的体力劳动，而是需要体力和脑力兼具的劳动。整理房间的时候，能够看出一个人的逻辑思维是否清晰。例如，有些人在整理房间的时候，没有办法对空间和物品进行合理规划。整理后，虽然表面整齐了，内部却还是一团乱，等第二天找完东西后又恢复了原来的样子。又如，内心不够坚毅的人，通常坚持不下去，在整理一半的时候就选择了放弃，或者对那些脏乱的死角选择视而不见。

在实际整理中，我们经常能接到这样的订单，女主人原本想自己整理，哪知道整理到一半的时候，发现工程量太大，自己一个人无法完成，便不想再继续下去了，于是委托我们进行整理。在与她接触的过程中，我们发现，由于房间长期处于混乱的状态，女主人性格懒散，对自己的生活很随意，对很多事情都持无所谓的态度，而且也不愿意花太多时间思考和行动。这种性格也许就是造成房屋混乱的主要原因吧。而那些房屋整洁的人，通常来说做事都比较严谨，有很好的自我管理能力，待人接物很有分寸，拥有较好的生活品质。

三、勒温的"生活空间理论"

著名心理学家勒温曾提出"生活空间理论"，他认为，在心理学的发展过程中，存在亚里士多德式的科学观和伽利略式的科学观。而勒温信仰的是伽利略式的科学观，即要使科学研究的焦点从对内部本质的探讨转到内外结合的对综合因果关系的探讨上。应用在心理学中，就是在个体与环境的相互作用中去寻找行为产生的原因。这样一来，就要把个体及其环境看作是一种相互依存因素的集合。换句话说，行为的研究必须考虑到个体和环境这两者的状态，用共同的术语把个体和环境描述为统一情景的分组。为此，勒温创造了"生活空间"概念，用

来表示某一时刻影响行为的各种事实的总体。❶

简单地说，生活空间就是我们行为发生的心理磁场，构成生活空间的要素就是环境和人。当环境同我们的心理结合后就会发生作用，主要表现为吸引力和排斥力，即生活空间是一个由自己、家人、房屋、物品等组成的场域，场域中的所有现象都产生关联。

例如，由于你的衣柜太乱，上班前花了太多时间找衣服导致上班迟到，进而被上司斥责。回家后，因为衣柜太乱，爱人也向你抱怨。你看着乱糟糟的衣柜，想着上司的斥责，听着爱人的抱怨，心里更加生气。于是与爱人发生了争吵，这时孩子看到了你们之间的争吵，害怕得躲进了房间。你一方面要去安慰孩子，另一方面还要腾出时间去整理衣柜，因此心情变得非常低落。这时，你会更加不愿意整理衣柜，生活也会随之变得更加糟糕。

四、活在当下，不要为物品所累

我们要明白，所有物品的功用都只是服务，并且只是阶段性地属于我们，不要为物品所累，要做物品的主人而不要被物品所奴役。因此，我们要定期整理和清洁物品，老化或过期的

---

❶ 节选自文章《拓扑心理学知识：生活空间理论》

物品要及时清理出去，否则堆积在房间中，不仅占空间，还会对健康不利；不经常使用的物品，不要提前囤积太多，否则物品容易老化，当新物品上市后，人们又去追逐新物品，就会造成旧物品的闲置和浪费。

在整理时，我们遇到了一位很爱给孩子买东西的妈妈，在孩子还没有出生的时候，她已经满怀希望地等待他的降临了，看到漂亮的衣服，就给孩子买衣服；看到好玩的玩具，就给孩子买玩具；看到方便的小家电，就给孩子买小家电。等孩子出生以后，她发现之前买的很多小家电的功能非常"鸡肋"，派不上多大的用场。衣服也是，当时以漂亮为主要购买标准，等孩子出生后，她才发现比起漂亮来，孩子更需要舒适的衣服。玩具就更不用说了，孩子太小根本用不着那些玩具。因此，她买的那些物品都被闲置起来，甚至还要再花钱重新选购。

活在当下，根据当下的需求选择物品。保持对生活的热爱，保持家居的整齐和清爽，将自己和家人有限的时间、金钱、精力投入到想做和喜欢做的事情中，这样才会收获高品质的生活。

整理与人际关系

　　用整理的思维看待周围的环境和人际关系，更容易通达内心，并且还会因此开始整理周围的关系。整理物品的同时也能够整理人际关系，尤其是家庭内部的人际关系。好的整理能够带来人际关系的改变，教会我们学会处理亲密关系，减少阻碍和摩擦，还能让我们学会优化家庭成员之间的关系，进而理顺家庭秩序，促进家庭和睦。

一、三大原则帮助处理好家庭关系

　　在进行整理时，要注意以下三项原则，才能更好地处理人际关系。

　　第一，自己的物品自己整理。

　　要注意，不要将自己的物品和家人的物品混放在一起，每个人的物品都存放在自己的区域中。属于自己的物品，要自己保管和整理。通过物品的整理和存放，建立与家人的边界感。关于物品的保存、去留都要以自己的意见为主，可以征求他人的意见，但把决策的责任和权利留给自己。"自己的物品自己整理"有助于培养家中未成年人的责任感，帮助他们更好地成长。

第二，不主动干涉别人处理物品的方式。

即使是伴侣或者孩子的物品，也不要轻易决定它们的去留。因为每件物品的背后都包含着独特和私密的关系，这段关系只属于它的主人。物品体现了主人的需求和选择，是他价值观的体现，所以最好由本人负责整理，他人不要越俎代庖。每个人的价值取向都不一样，你喜欢的物品也许别人并不喜欢。

第三，分清物品和情感。

要学会分清物品和情感，让情感的归情感，物品的归物品。有些物品是别人作为礼物赠送的，虽然情义很重，但确实不实用，或者不适合现阶段的自己。这个时候，要根据真实需求决定物品的去留，如果实在舍不得丢弃已经没有使用价值的礼物，可以将其暂时放在备用的储物柜中，一两年后再做决定。这种将物品与情感分开的心态是一种成熟的心态，意味着自己能负起一定的责任。

二、如何帮助家人整理？

虽然说自己整理自己的物品是重要原则，然而在实际生活中，有些人不可避免地需要别人的帮忙。在帮助这些人整理物品的时候，需要区分三种情况。

第一，帮助伴侣整理物品。

伴侣关系是家庭关系中的核心，家庭中一切的关系都是围绕着伴侣关系发展的。伴侣关系是一种非常亲密的关系，这种亲密容易使一方对另一方的付出视为理所应当，或者在另一方没有及时提供整洁的环境时横加指责。因此，要在保持自己独立性的前提下再帮助伴侣整理物品，并且以尊重和包容为大前提，不要一味付出和迁就。在整理后，能帮助对方获得更便捷和高效的生活方式，让对方感到满意，并且认可这种付出。

第二，帮助孩子整理物品。

孩子没有独立整理的能力，家长在帮助孩子进行整理时，容易越界替孩子做决定。例如，有些家长没有经过孩子的同意，就私自将孩子的玩具送人，或者将看起来乱七八糟的东西丢弃。殊不知，那些东西可能对孩子来说极其重要。因此，要重视孩子的物品，不要随意侵犯孩子的边界。最好让孩子学会自己整理，培养其生活能力和决策能力，这样，孩子有更大的自主权，父母也不必花大力气整理孩子的物品。例如，有位妈妈发现孩子有一个破破烂烂的风筝，没有询问孩子就私自扔掉了，孩子知道后放声痛哭，还表示再也不让妈妈进房间了。原来那个风筝是他和同学花了一下午的时间制作完成的，虽然已经非常破旧，却是小组同学通力合作的成果。

第三，帮助老人整理物品。

有些老人由于行动不便或眼花，整理起物品非常困难，需要年轻人的帮助。在为老人整理物品的时候，要注意一点，老人一般都是从艰苦的年代中过来的，对物品格外珍惜。在没有经过老人的同意时，不要私自丢弃老人的物品。对于一些有囤积习惯并将家中弄乱的老人，要多与之沟通，为其传递新的价值观和生活方式。尽量不要和老人当面起冲突，尊重他们的意见。老人自己的私人物品，让他们自己决定去留。整理时，也可以听从老人的安排，按照老人的要求进行整理。只要用心整理，就能处理好这些关系，拥有和谐的家庭关系。

三、用整理的思维整理人际关系

有些人非常善于交往，为自己编织了一个庞大的人际关系网。然而，维持这个关系网费时费力，甚至有可能使当事人迷失在社交活动中，找不到真正的自我。我们可以用整理物品的思维去整理人际关系。

第一，从数量上整理。

人际关系不是越广越好，而是控制在有足够精力维护的范围内。工作中的人脉关系，可以将其分为"正在联系""经常联系""偶尔联系""没有联系"等几类，在每个人的名片上，备注认识的日期，能提供哪方面的帮助，是否有合作成功的先例等。等过一年或半年的时间，再回头看与这些人联系的频繁程度，将那些一直以来毫无交集、没有联系的人的联系方式存档或丢弃。其他人视情况进行不同程度的互动，确定以后是否能达成合作关系等。

第二，从质量上整理。

整理人际关系，除了要从数量上入手，还要从质量上入手，即保留高质量的人际关系，舍弃低质量的人际关系。这就要求在一开始交往时，就要注意人际关系的质量，尽量不要进行没有结果、无用的人际交往。在与人交往时，还要控制好时机和力度，过于疏远和过于亲密都不利于关系的维护。"君子之交淡如水，小人之交甘若醴"，多建立君子之交，不要与人过分亲密，谨防丧失自己的底线。

对于以下四类人，要谨慎与之交往，必要时，可以舍弃这些人际关系。其一，充满负能量、偏执和怨恨的人。与这样的人交往，也会被他的世界观所影响，对现实世界充满了怨恨和负能量，总将过错归结到别人身上。其二，不信守承诺的人。这样的人缺少做人的基本道德，与之交往有百害而无一利。其三，心胸狭隘之人。与这样的人交往时需要小心翼翼，过于损耗自己的心力。其四，多次邀请不肯见面的人。这说明这个人对你不感兴趣，或者不愿与你交往，可以放弃与之交往的想法。

我们生活在一个过剩的时代，物质过剩、信息过剩；我们又生活在一个紧缺的时代，时间紧缺、空间紧缺。这一切让我们的身心疲惫不堪，很多人想要扔掉不必要的物品，清除多余的垃圾，对生活做减法，让一切回归本质，享受家居生活，提高生活品质。然而仅靠自己的力量却做不到，或者自己没有那么多时间花费在整理上。

现代商业社会的分工已经非常细化，完全可以把这一部分工作外包出去，交给专业的整理师。整理师是为个人、家庭、企业提供整理服务的专业人士，负责为客户的物品、环境等方方面面提出整理规划和建议，在整理中协调人、物品、空间这三者之间的关系平衡，导出负能量，迎接新能量。专业的事需要专业的人来做，花费一定的金钱，整理师就能帮助你打造整齐洁净的家居，为人们带来生活习惯、生活品质上的改观，让生活更有条理，让人生更有格局。